REDLINE WIRTSCHAFT

Elke Homburg

Zurück in den Job

So meistern Mütter ihr berufliches Comeback

REDLINE WIRTSCHAFT

Elke Homburg
Zurück in den Job
So meistern Mütter ihr berufliches Comeback
Wiedereinstieg planen / Professionell bewerben / Familie managen
Frankfurt: Redline Wirtschaft, 2005
ISBN 3-636-01197-9

Unsere Web-Adresse:
http://www.redline-wirtschaft.de

Umschlag: INIT, Büro für Gestaltung, Bielefeld
Coverabbildung: Getty Images

Ein Unternehmen der Süddeutscher Verlag Hüthig Fachinformationen
Satz: EXAKTA GmbH, Wien
Druck: Himmer, Augsburg
Printed in Germany

Inhaltsverzeichnis

Vorwort

In zwanzig Jahren möchte ich einen guten Job haben – am liebsten wäre ich Chefredakteurin bei Cosmopolitan. Ich stelle mit vor, ich habe eine Tochter und ein zweites Kind ist geplant. Mein Mann sollte Teilzeit arbeiten.

(Lena, 12 Jahre)

Lena ist meine älteste Tochter. Ich habe sie neulich gefragt, wie sie mit 32 leben möchte. Kinder möchte sie haben – keine Frage. Karriere möchte sie auch machen. Am meisten hat mich aber überrascht, dass sie sich einen Partner wünscht, der Teilzeit arbeitet, um mehr Zeit für die Kinder zu haben. „Einer muss ja die Kinder aus der Krippe holen, wenn ich in New York bin, oder?", sagt sie im Brustton der Überzeugung. Steht Lena für eine neue Generation?

Ich habe einen Job, in dem ich viel unterwegs war, aufgegeben und arbeite, seit ich Kinder habe, im Home-Office. Für mich ist das eine wunderbare Möglichkeit, Kinder und Job unter einen Hut zu bringen. Für meine Tochter hat dieses Modell anscheinend nicht gerade Vorbildcharakter …

Lenas Ideal – ein Partner arbeitet Vollzeit, ein Partner Teilzeit – wird von den meisten deutschen Familien geteilt. Aber fast immer sind es selbstverständlich die Frauen, die Teilzeit arbeiten bzw. nach ihrer Familienzeit eine Teilzeitstelle suchen. Nicht alle finden sie.

Und 40 Prozent aller Akademikerinnen bekommen gar keine Kinder, weil sie auf den Job nicht verzichten möchten und nicht wissen, wie sie ihn mit Kindern vereinbaren sollen. Schade. Schade für die Frauen, die nicht erleben, wie wundervoll das Leben mit Kindern ist, und schade für unsere Wirtschaft. „Eine der Zahl nach abnehmende Bevölkerung bedeutet weniger Fachkräfte für die Wirtschaft und damit eine Gefahr für den Wissens- und Wirtschaftsstandort Deutschland. Deshalb ist familienbewusste Personalpolitik ein immer wichtiger werdender Bestandteil moderner Unternehmenspolitik", mahnte Bundesminister Wolfgang Clement anlässlich der Verleihung des Zertifikats zum Audit „Beruf & Familie" der Gemeinnützigen Hertie-Stiftung im Juni 2004. So ganz langsam scheinen auch die Entscheider zu erkennen, dass unsere Gesellschaft dringend familienfreundlicher werden muss.

Rund eine Million Frauen, die eine Familie gegründet haben, streben pro Jahr nach einer längeren oder kürzeren Familienzeit zurück in den Beruf. Viele können nicht zurück in die alte Firma, weil dort keine Teilzeitstellen angeboten werden. Andere werden arbeitslos, weil es ihre Firma nicht mehr gibt. Manche müssen erkennen, dass ihr erlernter Beruf vom Arbeitsmarkt verschwunden ist, dass ihr Fachwissen veraltet ist oder ihnen unterstellt wird, sie gehörten zum alten Eisen – obwohl sie leistungsfähig und hoch motiviert sind. Und dann gibt es noch die Frauen, die direkt nach der Berufsausbildung oder dem Studium Kinder bekommen haben und jetzt den verspäteten Einstieg in den Beruf anstreben. Voraussetzung für alle diese Mütter auf Jobsuche sind altersgerechte und bezahlbare Kinderbetreuungsmöglichkeiten – und die sind in Deutschland im Gegensatz zu vielen anderen europäischen Ländern Mangelware.

Dieses Buch soll Frauen, die wieder zurück in den Job wollen, das schlechte Gewissen nehmen und stattdessen positive Impulse setzen. Während der Familienzeit gewinnen Frauen neue Kompetenzen, die interessant für Arbeitgeber sind. Auch wenn in Zeiten hoher Arbeitslosigkeit der Arbeitsmarkt nicht auf Familienfrauen gewartet hat – es gibt Bereiche, in denen sie gegenüber jüngeren Frauen die Nase vorn haben. Und mit entsprechendem Engagement und Know-how eröffnen sich bessere Chancen, als viele Frauen ahnen. Wenn es mit einer Anstellung nicht klappt, ist eine eigene Firma als Alternative zum festen Job sicher auch eine Überlegung wert.

Bei der Recherche zu diesem Buch habe ich mit über dreißig Frauen gesprochen und war fasziniert von der Buntheit ihrer Lebensläufe, ihrer Kreativität und Tatkraft und ihren Visionen. Zufrieden sind sie nicht immer: Die häufig unflexiblen Job-Modelle und fehlende Aufstiegschancen für Mütter sind schließlich kein Grund zur Freude. Alle haben aber den Platz im Arbeitsleben gefunden, der zu ihnen und ihrer momentanen Lebenssituation passt. Einige haben Minijobs, andere arbeiten Teilzeit, wenige arbeiten Vollzeit – in den unterschiedlichsten Berufen. Erstaunlich viele sind selbstständig. Und alle haben Träume und Visionen, die mit dem Alter der Kinder wachsen und gedeihen.

Danken möchte ich all diesen Frauen, die geduldig meine Fragen beantwortet haben und ohne die dieses Buch nicht möglich gewesen wäre. Viele der Frauen leben in Süddeutschland, andere in Norddeutschland. Einige leben in der Großstadt, andere in Kleinstädten oder auf dem Land. Sie sind die Seele dieses Buches. Ich möchte allen ganz herzlich danken für die Unterstützung, für die guten Gespräche und die schönen Texte. Und ich möchte meiner Familie danken, die mich trug und ertrug, als mir meine Work-Life-Balance in den letzten hektischen Wochen vor Manuskriptabgabe abhanden kam.

1. Das kann doch nicht alles gewesen sein … Eine Standortbestimmung

Mein Kind musste in der Schule sein – dann konnte ich durchstarten.

(Tanja)

„Ach, du willst wieder arbeiten?" Über diese Frage von Freunden und Bekannten ärgerte sich Marina (38) maßlos, nachdem sie beschlossen hatte, wieder ins Berufsleben zurückzukehren. Knüppelhart hatte sie in den vergangenen Jahren gearbeitet: als Putzfrau, Köchin, Waschfrau, Gärtnerin, Erzieherin, Hausaufgabenbetreuerin, Verwalterin des Familienbudgets, Krankenschwester, Seelsorgerin, Chauffeurin, Mädchen für alles. Sie hatte organisiert, renoviert, kalkuliert, motiviert. Ohne jeden Pfennig. Ohne Lob und Anerkennung. Familienpause? Erziehungsurlaub? Nein, von Pause und Urlaub keine Spur.

Sie war gern für die Familie da gewesen, aber nach dem zweiten Geburtstag ihres jüngsten Sohnes meldete sich ein Kribbeln im Bauch. Aufbruchstimmung. Sie wollte wieder zurück in die bezahlte Arbeit, noch einmal so richtig durchstarten.

Die meisten Frauen freuen sich auf die Elternzeit und genießen die ersten Jahre mit ihrem Kind/ihren Kindern. Manchmal wissen sie, dass sie nicht in ihren alten Beruf zurück möchten oder nicht zurück können. Denn oft sind die Arbeitszeiten nicht mit der Familie zu vereinbaren und Teilzeitstellen werden in der alten Firma nicht angeboten. Manchmal scheitert die Berufsrückkehr nach der bis zu dreijährigen Elternzeit aber auch, weil die Firma gar nicht mehr existiert oder die Familie umgezogen ist, damit der Mann einen Job in einer anderen Stadt annehmen kann. Wenn dem ersten Kind ein weiteres oder mehrere Kinder folgen, verlängert sich die Familienzeit nochmals um mehrere Jahre.

Zahlen zur Erwerbstätigkeit von Müttern

Rund 25 Prozent der Mütter in den alten Bundesländern nahmen unmittelbar nach der Geburt des ersten Kindes die Erwerbstätigkeit wieder auf, ergab eine Untersuchung des Instituts für Arbeitsmarkt- und Berufsforschung im Jahr 2000. Rund 57 Prozent der Frauen waren nach der Familienzeit wieder berufstätig (in den neuen Bundesländern 70 Prozent). 73 Prozent der Mütter, die nach der Familienzeit zurück in den Job gingen, stiegen wieder im alten Betrieb ein. Mit zunehmendem Alter der Kinder steigt die Erwerbsbeteiligung der Mütter. Mütter von Grundschulkindern arbeiten zu 64 Prozent im Westen und zu 68 Prozent im Osten. Die Frauen in den alten Bundesländern arbeiten überwiegend in Teilzeit und betreuen ihre Kinder nach der Schule zumeist selbst (nur 4 Prozent der Kinder haben einen Hortplatz). Frauen in den neuen Bundesländern arbeiten mehrheitlich Vollzeit.

Zahlen: IAB-Kurzbericht, Ausgabe 7, 12. 4. 2001 und IAB-Kurzbericht Nr. 10 2001. Die ausführlichen Analysen können kostenlos heruntergeladen werden:

Petra Beckmann / Beate Kurtz: Die Betreuung der Kinder ist der Schlüssel http://doku.iab.de/kurzber/2001/kb1001.pdf

Gerhard Engelbrech / Maria Jungkunst: Wie bringt man Beruf und Kinder unter einen Hut? http://doku.iab.de/kurzber/2001/kb0701.pdf

1.1 Auf zu neuen Ufern

„Es war ein schleichender Prozess. Als das dritte Kind in den Kindergarten kam, wurde der Stress langsam weniger und dann fing ich an, mir Gedanken zu machen, wie es weitergehen soll", erzählt Gudrun (45). Der Entschluss zum Wiedereinstieg kommt nicht von heute auf morgen. Vor dem Aufbruch steht meist eine längere Phase der Unzufriedenheit. Nur Kinder, Küche, Kaffeeklatsch reichen vielen Frauen nach einigen Jahren Familienzeit nicht mehr. Sie fühlen sich unterfordert, lechzen nach Selbstbestätigung und Unabhängigkeit durch ein eigenes Einkommen. Rund eine Million Frauen in Deutschland streben Jahr für Jahr zurück in den Beruf. 83 Prozent der Frauen wünschen sich eine Vormittagsstelle. In eine Vollzeitbeschäftigung gehen im ersten Jahr nur 5 Prozent der Frauen im Westen, im Osten immerhin 36 Prozent.

Bei Frauen, die gern schon vor dem Kindergartenalter der Kinder wieder in den Beruf zurückkehren möchten, scheitert der Wiedereinstieg oft an fehlender Kinderbetreuung, aber auch häufig am schlechten Gewissen. Viele Mütter plagen sich mit Zweifeln: Ist das Kind nicht noch zu klein? Und was wird aus dem Haushalt? Was sagt mein Mann, wenn ich ihm nicht mehr den Rücken frei halte? Werden nicht die Nachbarn tratschen und die Schwiegereltern verständnislos mit dem Kopf schütteln und sagen: „Das hat sie doch nicht nötig …“ Die Angst, zur Fraktion der „Rabenmütter“ gerechnet und von der Umwelt geächtet zu werden, kennen viele Mütter. Wenn nicht finanzielle Not oder Trennung eine Berufstätigkeit der Mutter erzwingen, sind berufstätige Mütter von kleinen Kindern in Deutschland immer noch die Ausnahme.

In Familien mit mehreren Kindern sind die älteren Kinder oft schon eingeschult, wenn das jüngste in den Kindergarten kommt. Die ersten Schuljahre sind aber für die Mütter nach den relativ betreuungsstabilen Kindergartenjahren ein Rückschritt. Die Schule endet viel zu früh und die Betreuungsmöglichkeiten für Schulkinder sind nach wie vor miserabel. Dazu kommt der tägliche Kampf mit den Hausaufgaben: „Wenn ich nicht dahinter sitze, wird einfach nichts draus …“ – das kennen Mütter schulpflichtiger Kinder nur zu gut. Aber auch nach dem Wechsel auf eine weiterführende Schule will die Mutter ihrem Sprössling beistehen, und dann kommen ja schon die Schrecken der Pubertät … So gesehen sollten sich Mütter keine Illusionen machen: Den idealen Zeitpunkt für die Berufsrückkehr gibt es nicht.

Aber mit jedem Jahr des Ausstiegs wird der Wiedereinstieg schwieriger. Berufsrückkehrerinnen, die länger als drei Jahre ausgestiegen sind, sind häufig nicht schnell und gut zu vermitteln, gelten aber als besonders motiviert.

Richtlinien zur Elternzeit

Während der Elternzeit (bis 2001 noch fälschlicherweise als „Erziehungsurlaub“ bezeichnet) bleibt das Arbeitsverhältnis mit einem besonderen Kündigungsschutz bestehen. Damit besteht ein Anspruch darauf, an einen gleichwertigen Arbeitsplatz zurückkehren zu können.

Mutter und Vater können die Elternzeit auch gemeinsam beantragen. Stimmt auch der Arbeitgeber zu, kann ein Teil der insgesamt dreijährigen Elternzeit auch nach dem dritten Geburtstag – und zwar noch bis zum achten Geburtstag – des Kindes genutzt werden.

Während der Elternzeit darf prinzipiell eine Teilzeitbeschäftigung ausgeübt werden. Diese darf nach dem Reformgesetz 30 Wochenstunden nicht übersteigen. Ist am früheren Arbeitsplatz eine solche Teilzeitstelle nicht vorhanden, darf mit dem Einverständnis des Arbeitgebers auch eine andere Teilzeitstelle von bis zu 30 Wochenstunden angenommen werden. Das ruhende Hauptarbeitsverhältnis bleibt dabei bestehen. Nehmen beide Eltern Elternzeit, beträgt die Obergrenze 60 Wochenstunden.

Krankenversicherung

Wer Elternzeit in Anspruch nimmt oder Erziehungs-, Kranken- bzw. Mutterschaftsgeld bezieht, bleibt auch bei Unterbrechung der Berufstätigkeit Kassenmitglied. In dieser Zeit werden auch keine Beiträge fällig, wenn neben Mutterschafts- oder Erziehungsgeld keine anderen beitragspflichtigen Einnahmen vorliegen.

Wer während der Elternzeit die bisherigen Einnahmen verliert, vorm Bezug des Erziehungsgeldes versicherungspflichtig war und während des Bezugs keine anderen beitragspflichtigen Einnahmen besitzt, kann über die Versicherung des Ehepartners beitragsfrei versichert werden. Das gilt auch für Ehepartner, die nach dem Auslaufen des Erziehungsgeldes nicht hauptberuflich selbstständig erwerbstätig sind, monatlich nicht mehr als 400 Euro verdienen und nicht Beamte sind.

Rentenversicherung

In der gesetzlichen Rentenversicherung sind Kindererziehungszeiten Pflichtbeitragszeiten. Für die Kindererziehung werden maximal drei Jahre anerkannt, wenn das Kind nach dem 1. Januar 1992 geboren wurde. Kam es vorher zur Welt, wird maximal ein Jahr angerechnet. Eine längere Unterbrechung der Berufstätigkeit führt zu Versicherungslücken, wenn nicht in der Zwischenzeit weitere Kinder geboren werden.

Ausführliche Informationen zur Elternzeit bietet das Bundesministerium für Familie, Senioren, Frauen und Jugend in zwei kostenlosen Broschüren:

- **„Die neue Elternzeit"**
- **„Erziehungsgeld, Elternzeit"**

Sie können bestellt werden unter Tel. 01 80 / 532 93 29 oder
E-Mail: broschuerenstelle@bmfsfj.bund.de

1.2 Im Land der Rabenmütter

„Ich habe doch keine Kinder bekommen, um sie von fremden Menschen erziehen zu lassen. Ich würde sie nie der Karriere opfern ..." Das bekommen berufstätige Mütter oft von passionierten Vollzeitmüttern zu hören. Ab einem gewissen Alter der Kinder wird ein Halbtagsjob toleriert. Frauen, die Vollzeit arbeiten, weil eine

Teilzeitstelle zwangsläufig einen Karriererückschritt bedeutet hätte, werden oft als egoistische Karrierefrauen abgestempelt. Dann werden die jobsuchenden Mütter mit Sätzen wie diesem konfrontiert: „Das muss ja jeder selbst wissen, aber mir ist es wichtig, die Kinder zu fördern und sie bei den Hausaufgaben zu unterstützen." Schade. Statt zusammenzuhalten, machen wir Mütter uns gegenseitig die Hölle heiß und stecken uns gegenseitig in Schubladen. Zwischen der „Rabenmutter"-Fraktion und der „Heimchen am Herd"-Fraktion gibt es wenig Kommunikation.

„Meine Töchter sind beide mit neun Monaten in die Kinderkrippe gekommen", erzählt Iris (36), die sich bewusst für eine kurze Auszeit entschied. „Sie waren dort sehr glücklich und werden immer wieder für ihre Sozialkompetenz und ihre Selbstständigkeit gelobt." Von Nachbarinnen wurde sie geschnitten. „Wenn ich nachmittags nach der Arbeit im Businessdress auf den Spielplatz kam, wurde ich misstrauisch beäugt. Dabei hätte ich mir auch ein bisschen Austausch mit anderen Müttern gewünscht." Nicht viel besser ging es Irene (37), die sich bewusst für eine längere Familienzeit entschied und zu Hause blieb, bis die jüngste Tochter in die Schule kam. Sie hatte das Gefühl, als „Muttchen" von ihren Schulfreundinnen nicht mehr ernst genommen zu werden.

Mütter wollen es allzu oft allen recht machen: Sie wollen die Kinder fördern, dem Mann den Rücken frei halten, Haus und Garten in Schuss halten, sich im Elternbeirat engagieren – und das alles mit Engelsgeduld und einem Lächeln auf den Lippen. Frauen haben verinnerlicht, dass es besser ist, ein geknechtetes Opferlamm als eine herzlose Egoistin zu sein. Berufstätige Frauen mit kleineren Kindern werden in Deutschland immer noch als Rabenmütter gebrandmarkt. Und wenn sie unbeirrt von Unkenrufen und zügig zurück an den Arbeitsplatz wollen, erschweren mangelnde Betreuungsmöglichkeiten für Kinder diesen Schritt.

Würden sich Männer Gedanken darüber machen, ob sie ihre Kinder auch hinreichend fördern und ihre Frauen ausreichend unterstützen, wenn sie berufstätig sind? Wohl kaum. Es gibt Anlass zur Vermutung, dass es viel mehr Betreuungsmöglichkeiten gäbe, wenn Männer stärker in die Kinderbetreuung eingebunden wären.

Wenn diese alte Frauenkrankheit mit dem Namen „schlechtes Gewissen" Sie davon abhält, wieder berufstätig zu werden, fragen Sie sich doch einmal, was eine gute Mutter auszeichnet. Ist die Mutter besser, die selbst geschroteten Vollkornbrei statt Tiefkühlkost serviert? Oder die Mutter, die Stoffwindeln scheuert, statt zu Pampers zu greifen? Ist die Mutter besser, die auf jedes eigene Vergnügen verzichtet, weil sie ihre Kinder in jeder freien Minute zu Klavierstunden, Ballettstunden, Reitstunden oder Fußballturnieren kutschiert? Oder ist es nicht am wichtigsten, dass Sie selbst mit Ihrem Leben zufrieden sind und diese Zufriedenheit an Ihr Kind weitergeben können?

Überlegen Sie im Gegenzug einmal, was Ihre Berufstätigkeit Ihrem Kind zuführen könnte: Schon recht früh sind Kinder stolz auf ihre berufstätigen Mütter. Anna (3), deren Mutter ab und zu als Reiseleiterin arbeitet, erzählte im Kindergarten mit kindlicher Naivität, aber voller Begeisterung: „Meine Mama fährt nach Hongkong zum Arbeiten.“ Jakob und seine Schwester präsentieren stolz die Plakate und Flyer, die ihre Mutter als freie Grafikerin gestaltet hat. Mia und Laura lieben es, Freunde durchs Atelier ihrer Mutter, die Kindermode entwirft, zu führen. Ob es auch Kinder gibt, die damit prahlen, dass die Mutter zweimal in der Woche die Fenster putzt? Je älter das Kind, desto mehr weiß es zu schätzen, wenn die Mutter im Job ihre Frau steht.

Die anderen wissen immer alles besser. Hören Sie nicht hin, sondern hören Sie in sich hinein. Warum gehen wir eigentlich davon aus, dass die Ganztagsbetreuung durch die Mutter, die bis zur Geburt ihres Kindes in der Regel – wenn sie nicht aus der Branche kommt – wenig Ahnung von Kindererziehung hatte, unter allen Umständen die beste ist? Und warum sollte die Betreuung unserer Kleinkinder durch ausgebildete Erzieherinnen unseren Kindern schaden? Der Glaube, dass nur Mütter ihre Kinder erziehen können, ist ein deutsches Phänomen. Hier ist Deutschland ein Entwicklungsland. Familienministerin Renate Schmidt hat zu diesem Thema einmal gesagt: „Das Gerede von der angeblich verantwortungslosen Rabenmutter kennt man weder in Frankreich noch in Skandinavien noch in Benelux oder in England, nirgends. Es muss einfach möglich sein, Beruf und Familie miteinander zu vereinbaren. Und ich wehre mich mit Händen und Füßen gegen das Vorurteil, erwerbstätige Mütter würden sich weniger kümmern als andere.“ (*Die Zeit* vom 23. September 2004) Obwohl in anderen europäischen Ländern berufstätige Mütter die Regel und nicht die Ausnahme sind, werden dort mehr Kinder geboren. Dort werden sie auch vom Staat durch großzügige Betreuungsangebote unterstützt.

Wenn Sie wieder einmal im Begriff sind, den tuschelnden Nachbarn oder der besorgten Mütterclique vom Spielplatz Ihre Zufriedenheit zu opfern, denken Sie bitte an Folgendes: Untersuchungen haben ergeben, dass Mütter – egal ob berufstätig oder nicht – nur eine halbe Stunde täglich mit ihren Kindern verbringen. Damit ist die Zeit gemeint, die sie bewusst mit dem Kind verbringen: vorlesen, spielen, sich mit ihm unterhalten, ohne nebenbei zu kochen oder zu putzen. Wetten, dass Sie das nach ein paar Stunden Arbeit außer Haus lustvoller, gelassener und ideenreicher können als eine Vollzeitmutter?

Wie zufrieden sind deutsche Mütter?

Zu interessanten Ergebnissen kam ein sozioökonomisches Panel, das vom Deutschen Institut für Wirtschaftsforschung e. V. in Berlin (DIW Berlin) in Zusammenarbeit mit Infratest Sozialforschung 2003 erhoben wurde.

Nach der Geburt des ersten Kindes steigt in der Regel die Lebenszufriedenheit der Frauen – ein Effekt, der nicht lange anhält. Bereits ein Jahr später ist die Lebenszufriedenheit wieder gesunken. Zwei Jahre danach sind die meisten Mütter sogar weniger zufrieden mit ihrem Leben als noch vor der Geburt. Im dritten Jahr wird schließlich ein vorläufiger Tiefpunkt erreicht.

Mütter, die ein zweites oder weiteres Kind gebären, sind im Jahr vor und in den ersten Jahren nach der Geburt deutlich weniger zufrieden mit ihrem Leben als Erstgebärende. Die Veränderungen fallen im Zeitverlauf jedoch weniger gravierend aus. Im dritten Jahr nach der Geburt nimmt die Lebenszufriedenheit bereits wieder etwas zu; im fünften Jahr ist sie sogar höher als im Jahr vor der Geburt und etwa gleich groß wie bei den Erstgebärenden.

Ganz klar ging aus der Untersuchung hervor, dass Mütter, die Teilzeit arbeiten, zufriedener sind als Vollzeitmütter. Am unzufriedensten mit ihrer Situation sind dagegen Mütter, die Vollzeit erwerbstätig sind.

1.3 Selbsterkenntnis ist der erste Schritt zur Veränderung – Teil I

Sind Ihre Überlegungen, in den Beruf zurückzukehren, schon konkret oder noch sehr vage? Sind Sie schon bereit oder brauchen Sie Zeit? Der folgende Test soll Ihnen helfen, sich über Ihre Wünsche klar zu werden.

Bin ich reif für das berufliche Comeback?

Welche Aspekte des Berufslebens vermisse ich?

____

____

____

Welche Aspekte des Berufslebens habe ich mit der Elternzeit gern hinter mir gelassen?

____

____

____

____

____

____

Wenn Sie noch in der Elternzeit sind: Könnte ich mir grundsätzlich vorstellen, zu alten Konditionen an meinen alten Arbeitsplatz zurückzukehren?

Ja □

Nein □

Wenn Sie diese Frage mit Nein beantwortet haben: Was müsste sich ändern (andere Arbeitszeiten, verkürzte Arbeitszeit, andere Inhalte)?

____

____

____

____

____

____

Was gewinne ich, wenn ich wieder berufstätig werde?

____

Was verliere ich?

Was aus meinem jetzigen Leben würde ich vermissen (der tägliche Besuch im Fitnessstudio, regelmäßiger Kaffeeklatsch mit der Freundin)?

Was gewinnt meine Familie durch meine Berufstätigkeit?

Welche Nachteile ergeben sich aus meiner Berufstätigkeit für die Kinder, für den Partner, für den Freundeskreis? Wo müssten sie konkret zurückstecken?

Wie lassen sich diese Nachteile kompensieren? Wie können Teile der Familienarbeit neu organisiert werden? Welche Familienmitglieder können Aufgaben übernehmen? In welchen Bereichen könnte ich Hilfe von außen beschäftigen?

Schauen Sie sich Ihre Antworten an und entscheiden Sie ehrlich, ob die Ergebnisse für den Beruf oder für die Familie sprechen.

Fazit: Wenn Sie ein Plus auf der privaten Seite haben, wollen Sie (noch) nicht zurück ins Berufsleben. Wenn Sie aus finanziellen Gründen nicht auf Gehalt angewiesen sind, akzeptieren Sie das. Bleiben Sie daheim und stehen Sie dazu. Entscheidend ist, dass Sie mit Ihrer Entscheidung glücklich sind. Vielleicht machen Sie den Test in einigen Monaten oder einem Jahr noch einmal und kommen zu einem anderen Ergebnis, um die Berufsrückkehr dann aktiv und weniger halbherzig in Angriff zu nehmen.

Wenn Sie ein Plus auf der Berufsseite haben, packen Sie es an. Werden Sie aktiv und konkretisieren Sie Ihre Wünsche und Ideen. Sie wissen nun, dass Sie wieder in den Beruf zurück möchten. Sie haben Ideen und Fantasien entwickelt. Nun gilt es, einen unserer treuesten Begleiter – das kleine Teufelchen mit dem Namen „schlechtes Gewissen“ – k.o. zu schlagen. Denn die besten Bewerbungstipps sind sinnlos, wenn Sie den inneren Aufbruch nicht bewältigt haben.

1.4 Strategien gegen das schlechte Gewissen oder Umbruch als Chance

Das schlechte Gewissen sitzt uns Müttern im Nacken wie ein kleines Teufelchen. Gerade haben wir uns überlegt, dass die Kinder sich mittags nach der Schule eigentlich selbst Brote zubereiten oder eine Pizza warm machen könnten, wenn wir noch im Büro sind. Schon flüstert dieses garstige kleine Teufelchen: „Kinder brauchen ein nahrhaftes, frisch gekochtes Mittagessen, zubereitet von einer liebenden Mutter.“

Und gerade hatten wir uns überlegt, die Ballettstunden und das Englisch für Kindergartenkinder einfach zu streichen. Da beginnt das kleine Teufelchen boshaft zu kichern: „Na ja, wenn du zu faul bist, deine Kinder zu fördern, bist du schuld, wenn sie später beim Run auf die Studienplätze nicht mithalten können.“

Sind sie nicht eigentlich alt genug, um ihre Hausaufgaben allein zu erledigen und könnten sie nicht auch am Wochenende mal mit ihrem Vater Mathe pauken? „Wenn die Mutter nicht dahinter steht, ist der schulische Misserfolg vorprogrammiert … Und außerdem“, flüstert das kleine Teufelchen weiter, „ist es deinem Mann wirklich zuzumuten, dass er, der Ernährer der Familie, im Haushalt mithilft? Was wird die Schwiegermutter sagen, wenn du ihrem Liebling zumutest, nach einem harten Arbeitstag noch seine Hemden zu bügeln?“

„Ist ja schon gut“, seufzen wir. „Du hast uns kleingekriegt. Wir wollen keine egoistische Karriere-Mami sein.“

Regine Schneider, Gute Mütter arbeiten. Ein Plädoyer für berufstätige Frauen. Frankfurt 1997

Ein wunderbares Buch gegen das schlechte Gewissen: Die Autorin zieht gegen den Muttermythos zu Felde und zeigt glaubhaft auf, dass Kinder berufstätiger Mütter keine bemitleidenswerten, vernachlässigten Geschöpfe sind.

Fragt man Mütter nach den Gründen, die sie davon abhalten, in den Beruf zurückzukehren, so werden immer wieder die folgenden Hindernisse genannt, die allesamt leicht entkräftet und beseitigt werden können.

„Meine Kinder sind noch zu klein."

Gegenargument: Dass Fremdbetreuung Kindern unter drei Jahren nicht schadet, beweisen zahllose Frauen, die in den neuen Bundesländern aufgewachsen sind. Dort waren vor der Wende berufstätige Mütter von Kleinkindern eine Selbstverständlichkeit. In vielen Nachbarländern kehren Frauen ebenfalls so bald wie möglich in den Beruf zurück. Die Angst vor möglichen Schäden bei Fremdbetreuung ist eine bundesdeutsche Besonderheit. Kinder lieben Kinder und genießen in der Regel das Zusammensein mit Altersgenossen. Ein paar Stunden Fremdbetreuung am Tag machen sie selbstständiger und unabhängiger.

Oder haben Sie Angst vor der Meinung Ihrer Nachbarn, Ihrer Eltern und Schwiegereltern, vor den Spielplatzmuttis, die alle im Alltag mit Kind und Haushalt aufzugehen scheinen? Von Ihren Verwandten sollten Sie annehmen, dass sie Ihnen wohl gesonnen sind, dass sie Ihr Lebensglück wünschen. Deshalb sollte es Ihnen gelingen, sie davon zu überzeugen, dass es auch Ihren Kindern und Ihrem Mann gut tun wird, wenn Sie wieder mehr Zufriedenheit ausstrahlen.

Der Tratsch der Nachbarn sollte an Ihnen abprallen, es geht schließlich um Ihr Leben. Und die Gefährtinnen der Hausfrauenzeit? So manche wird versuchen, Ihnen Ihre Entscheidung für den Beruf auszureden. Möglicherweise, weil sie selbst neidisch auf Ihren Entschluss ist, den sie selbst gern umsetzen würde, aber (noch) nicht kann. Wenn Sie nur Vorbehalte hören, wechseln Sie den Bekanntenkreis, suchen Sie das Gespräch mit Frauen, die arbeiten. Lassen Sie sich von Ihnen erzählen, wie es Ihnen ergeht, wie sie den Wiedereinstieg geschafft haben. Hier können Sie sich Bestätigung holen.

„Ich bekomme die Kinderbetreuung nicht geregelt."

Gegenargument: Wenn Ihre Kinder das Kindergartenalter noch nicht erreicht haben, will die Betreuung tatsächlich besonders gut geplant sein. Welche Möglichkeiten es gibt, hängt auch von Ihrem Wohnort ab. In Städten ist die Betreuungssituation in der Regel besser als in ländlichen Regionen. Doch mit etwas Glück findet sich auch dort eine liebevolle Tagesmutter. Wenn Sie den festen Willen haben, wieder zu arbeiten, wird es Ihnen gelingen, zumindest für einige Stunden eine Betreuung zu organisieren.

„Wenn ich nicht zu Hause bin, läuft alles schief."

Gegenargument: Sie sind sehr wichtig für ihre Familie, keine Frage. Aber unersetzlich sind Sie nicht. Möglicherweise haben Sie selbst an diesem Mythos gebastelt und sich unentbehrlich gemacht. Sie seufzen, wenn Ihr Mann mit Low-Fat-Margarine statt Vollfett-Butter und jede Menge Junkfood für die Kinder vom Supermarkt zurückkommt, und sagen sich: „Wenn man nicht alles selbst macht …"? Oder haben Sie Ihrem Sohn, der sich fürs Bügeln interessierte, das Eisen aus der Hand gerissen, nachdem die Seidenbluse Schaden genommen hatte, statt ihm zu zeigen, wie er es richtig macht? So haben Sie gezeigt, dass Sie die Chefin im Haushalt sind.

Jetzt geht es darum, Ihre Alleinherrschaft zu beenden und eine Demokratie zu etablieren – gleiche Rechte und Pflichten für alle Familienmitglieder. Auch die Kinder müssen angelernt und in die Hausarbeit einbezogen werden. Sie können nicht alles allein schaffen und müssen es auch nicht. Nehmen Sie Hilfe an. Und gewöhnen Sie sich ab, an die Nachbarn zu denken. Viele Frauen haben Angst, die Nachbarn könnten schlecht von Ihnen denken, wenn die Fenster nicht mehr alle zwei Wochen geputzt werden. Tanja gehörte zu dieser Sorte Frau. Inzwischen steht sie zur Wildheit im Garten. Gemüsefelder und Gewächshaus liegen brach, seit sie wieder berufstätig ist – sie kann damit leben. Und die Nachbarn können es auch. Und wenn Sie mehr als ein paar Stunden arbeiten möchten, sollten Sie auch über eine Haushaltshilfe nachdenken.

„Ich bin auch ohne Job schon völlig überlastet."

Gegenargument: Berufstätigkeit, das überrascht viele Frauen, ist keine Zusatzbelastung, sondern eine Verschnaufpause vom Familienstress. Das haben alle Berufsrückkehrerinnen, mit denen ich bei der Recherche zu diesem Buch gesprochen habe, bestätigt. Wer einige Stunden außer Haus arbeitet oder (bei Home-Workerinnen) sich mit anderen Dingen als dem Haushalt beschäftigt, geht wieder mit mehr Motivation und oft mehr Struktur an die Familienarbeit. „Die Zeit mit den Kindern ist intensiver geworden", erzählt Lisa. „Früher war ich ja ständig verfügbar, jetzt unternehmen wir gezielt etwas zusammen." Auch den Haushalt hat sie trotz 15 Stunden außer Haus weiterhin im Griff: „Weil ich weniger Zeit zur Verfügung habe, plane ich besser, es gibt weniger tote Zeit als früher." Das bestätigt Carola: „Es klingt verrückt, aber seit ich auswärts arbeite, habe ich mehr Zeit. Ich bin effizienter, plane besser, lebe weniger in den Tag hinein. Und weil ich besser gelaunt bin, geht mir der eigene Haushalt leichter von der Hand."

„Mein Mann möchte nicht, dass ich arbeite."

Gegenargument: An der klassischen Aufgabenteilung hat sich auch im 21. Jahrhundert wenig geändert. Männer verdienen leider in der Regel immer noch besser und deshalb übernehmen sie meist auch den Part des Ernährers nach der Geburt des ersten Kindes. Und auch moderne Männer genießen es – wenn das Familienbudget es zulässt – eine Frau zu haben, die sich um Haushalt und Kind(er) kümmert. Gerne lassen Sie sich den Rücken frei halten und freuen sich, dass die Frau Bankgeschäfte erledigt, das Auto zur Inspektion fährt, das Geburtstagsgeschenk für die Schwiegermutter besorgt oder den Urlaub plant. Wenn die Frau zurückgeht in die Erwerbstätigkeit, büßt der Familienernährer automatisch Privilegien ein und wird selbst mehr in die Pflicht genommen.

Gehört Ihr Mann zu dieser Gruppe, dann sollten Sie sich gute Argumente überlegen, um seine Vorbehalte zu entkräften. Er wird sich mehr im Haushalt und in der Kindererziehung engagieren müssen. Das wird ihm helfen, eine noch innigere Beziehung zu seinen Kindern zu entwickeln. Mehr Geld in der Familienkasse ist immer ein gutes Argument für die Berufstätigkeit der Partnerin, aber ein viel besseres Argument ist, dass er eine zufriedene Partnerin haben wird. „Viele Männer fragen sich im Nachhinein, warum sie sich so lange gegen die Berufstätigkeit der Frau gesträubt haben", verrät eine Dozentin, die Kurse für Berufsrückkehrerinnen leitet. „Denn plötzlich sind die Frauen wieder gleichberechtigte Gesprächspartnerinnen, die neue Anregungen in die Partnerschaft tragen. Viele Beziehungen blühen wieder neu auf, nachdem die Frauen in den Beruf zurückgekehrt sind." Reden Sie mit Ihrem Partner und machen Sie ihm die Ernsthaftigkeit Ihres Anliegens deutlich. Sie lernen, Ihre Argumente gut zu verkaufen und trainieren bereits für künftige Vorstellungsgespräche.

„Ich habe Angst vor der Veränderung."

Gegenargument: Gerade gut ausgebildete Frauen haben nach mehreren Jahren Familienzeit Angst vor dem Wiedereinstieg. Das Selbstbewusstsein ist im Keller und fachliche Lücken sind nicht zu leugnen. Außerdem macht jede Veränderung Angst, das ist ganz normal. Sehen Sie den Umbruch als Chance. Fachwissen lässt sich auffrischen und das Selbstbewusstsein wird mit den ersten Erfolgen wieder sprunghaft ansteigen. Fehler machen alle, auch Menschen, die nie Berufspausen eingelegt haben. Und denken Sie daran: Sie haben während der Familienzeit Fähigkeiten erworben, die Ihnen im Berufsleben zugute kommen werden.

Sie sehen, alle Hindernisse können beseitigt werden – bis auf ein Hindernis: fehlende Motivation. Wenn das Interesse an der Berufsrückkehr halbherzig ist, werden Sie kaum erfolgreich sein.

1.5 Zeit für den Aufbruch – Frauen erzählen

Frauen erzählen von dem Augenblick, als ihnen bewusst wurde, dass die Zeit für den Wiedereinstieg gekommen war.

Franziska (47): „Als meine beiden Söhne aus dem Gröbsten heraus waren, bewarb ich mich als Tagesmutter. Das war mein Job für 16 Jahre, bis ich keine Lust mehr hatte, über Kinderspielsachen zu stolpern und ‚kleine Unglücke' vom Teppich zu wischen. Mit 45 Jahren habe ich mich dann noch einmal auf die Suche nach dem Traumberuf begeben."

Tanja (44): „Für mich war es wichtig, dass Jana keine Probleme in der Schule hat. Nachdem sie in der Realschule gut angekommen war, konnte ich durchstarten. Ich wollte unter Menschen und ich wollte eigenes Geld verdienen, kein schlechtes Gewissen mehr haben müssen, wenn ich im Drogeriemarkt zur teureren Creme greife."

Thea (45): „Nach fünfeinhalb Jahren Familienzeit wollte ich zurück. Dann setzte mich ein schwerer Unfall für mehrere Jahre außer Gefecht. Kurz vor meinem 40. Geburtstag las ich einen Zeitungsartikel, der meinem Leben eine neue Richtung gab. Es wurden Leute für einen Gästeführer-Kurs gesucht. Sie sollten nicht älter als 40 sein. Also war höchste Eisenbahn geboten."

Anette (46): „Irgendwann muss man einfach feststellen, dass man als Mutter weniger gebraucht wird und wieder Luft für was Eigenes hat. Bis ich wieder in den Beruf einstieg, vergingen viele Jahre, aber das Ehrenamt war für mich eine Brücke auf dem Weg zurück in die bezahlte Arbeit."

Uschi (43): „Mein Mann hat mich sanft angeschoben. Er ahnte wohl, dass mir ein bisschen Arbeit außer Haus gut tun würde. Von selbst hätte ich keine Stelle gesucht, weil ich mich sowieso schon überlastet fühlte mit Haushalt und Kindern. Ein Nachbar bot mir eines Tages die Leitung eines Projekts an."

Eva (41): „Als meine jüngste Tochter ein Jahr alt war, wurde ich unruhig. Ich wollte den Anschluss nicht verpassen."

Christiane (39): „Obwohl ich mich sehr bewusst für die Familie entschieden hatte, war mir bald klar, dass mir die Kindererziehung allein nicht genügte. Nach der Geburt meiner Jüngsten gab mir ein Aupair-Mädchen wieder mehr Freiheiten und dann konnte es losgehen ..."

Hannelore (40): „Während der Schwangerschaft war von einer Aufteilung der Elternzeit die Rede gewesen. Daran konnte sich mein Mann dann nicht mehr erinnern – und mir fiel die Decke auf den Kopf. Nachdem wir beschlossen hatten, von Berlin nach Süddeutschland in die Nähe der Schwiegereltern zu ziehen, habe ich die Jobsuche aggressiv in die Hand genommen."

Elisabeth (33): „Das auslösende Moment war ein Kulturfestival bei uns im Ort. Ich habe erkannt, dass es hier in der Umgebung und in mir viel kreatives Potenzial gibt und dass der Wunsch nach einem Raum für Begegnung groß war. Plötzlich hatte ich die Vision von einem Kunstraum und habe mich an die Realisierung gemacht."

Gertrud (47): „Als Beamtin auf Lebenszeit war der Wiedereinstieg für mich kein Problem, aber es zog mich nicht zurück an die Schule. Ich zögerte die Rückkehr hinaus. Dann machte ich eine Fortbildung in Hypnosetherapie – zunächst nur aus privatem Interesse. Und plötzlich entstand die Idee, mehr daraus zu machen."

Dietlind (45): „Geplant hatte ich den Wiedereinstieg schon lange. Ich habe intensiv recherchiert, um meine Selbstständigkeit vorzubereiten. Als die Kinder dann vier und sechs Jahre alt waren, hatte ich endlich die geeignete Betreuung für beide gefunden und konnte loslegen."

Birgit (44): „Unabhängigkeit war mir immer wichtig. Es war klar, dass ich mit der Suche nach einem Job beginne, sobald meine Tochter einen Kindergartenplatz hat."

Ruth (37): „Ich habe den Wiedereinstieg tatkräftig vorbereitet, habe immer Kontakt zum Berufsleben gehalten. Als mein jüngstes Kind in den Kindergarten kam, habe ich das Projekt Berufsrückkehr in Angriff genommen."

Marina (38): „Die erste Krise kam, als mein Jüngster eineinhalb war: Vor lauter Unterforderung wurde ich zur Pedantin im Haushalt und nörgelte an allem herum. Ich wollte ja gar nicht den stressigen Vollzeitjob, aber etwas Abwechslung zum Waschen und Bügeln und ein bisschen Nahrung für den Geist."

Ina (34): „Ich bin nicht zur Vollzeitmutter geboren. Ohne Kontakte würde ich wahnsinnig."

Sonja (39): „Ich wurde direkt nach dem Studium Mutter, war also noch gar nicht ins Berufsleben eingestiegen. Eine richtige Familienzeit hatte ich trotzdem nicht, denn mit einem Promotionsstudium und einer Fortbildung war ich immer beschäftigt. Jetzt will ich endlich Geld verdienen."

Doris (37): „Mein Mann und ich arbeiteten beide projektbezogen. Wir wollten uns abwechseln, was nicht funktionierte. Die Medienbranche steckte in der Krise. Oft mussten wir gleichzeitig arbeiten, wenn es Aufträge gab. Ich bin mit meinem Sohn zu meiner Mutter aufs Land gezogen, die ihn tagsüber betreut hat. In aller Früh habe ich abgepumpt und bin dann zwei Stunden nach München zur Arbeit gefahren. Abends kam ich total erschöpft zurück. Der Stress war auf die Dauer zu groß. So habe ich mich entschlossen, die Suche nach einer professionellen Betreuung und einer Festanstellung tatkräftig in die Hand zu nehmen."

Sophie (39): „Ich bin Architektin. Als die Kinder klein waren, kam der Aufschwung Ost. Diese Chance auf interessante Projekte konnte ich mir nicht entgehen lassen."

Anne (43): „Ich hatte keine klar umrissene Elternzeit, weil ich mir als Freiberuflerin die Zeit selbst einteilen konnte. Je nach Alter meines Sohnes habe ich aufgestockt oder abgebaut. Dann starb mein Mann ganz plötzlich und ich musste mich und meinen Sohn allein ernähren."

Isabelle (45): „Für mich war der Wiedereinstieg ein schleichender Prozess. Durch PC und Internet wurden neue Möglichkeiten geschaffen, professionelle Dienstleistungen von daheim aus anzubieten, das kam mir entgegen."

Ina N. (33): „Nur zu Hause mit dem Kind zu sein hat mich nicht ausgefüllt. Aber darüber hinaus war mein schneller Wiedereinstieg wirtschaftlich notwendig, weil ich beim ersten Kind allein erziehend war."

Bettina (37): „Als mein Sohn vier Monate alt war, begann es zu kribbeln. Zwei Monate später habe ich meine Selbstständigkeit gestartet."

1.6 Selbsterkenntnis ist der erste Schritt zur Veränderung – Teil II

Wenn Sie sicher sind, zurück in den Beruf zu wollen, sollten Sie als Nächstes überlegen, wie Sie sich Ihre Berufstätigkeit in Zukunft vorstellen:

Wie soll mein berufliches Comeback aussehen?

Kann ich/will ich zurück in den alten Beruf oder etwas ganz anderes tun?

____

____

____

____

____

____

Welche Arbeitszeitmodelle sind – ausgehend von meiner momentanen Lebenssituation – denkbar? Möchte ich im Rahmen eines Mini-Jobs, Teilzeit oder Vollzeit arbeiten? Welche Arbeitszeiten wären denkbar?

____

____

____

____

____

____

Sind meine beruflichen Kenntnisse noch auf dem neuesten Stand? Habe ich mich fortgebildet während der Familienzeit, habe ich neue Qualifikationen erworben, neue Interessen entwickelt?

____

____

____

____

____

____

Wie sollen meine Kinder während der angestrebten Arbeitszeit betreut werden?

______

______

______

______

______

______

Was muss ich im Management meines Haushalts ändern, damit ich mir Freiräume für die Berufstätigkeit schaffe?

______

______

______

______

______

______

Welche weiteren Maßnahmen müssten ergriffen werden?

______

______

______

______

______

______

Welche Frauen in meinem Umfeld arbeiten bereits und können mich informieren und moralisch unterstützen?

______

______

Strategie: Planen Sie die nächsten Schritte. Wenn Sie schon Ideen haben, was Sie arbeiten möchten, holen Sie erste Informationen ein. Bevor Sie richtig loslegen können, müssen aber die Grundvoraussetzungen geschaffen werden. Das A und O sind die Organisation der Kinderbetreuung und des Haushalts. Wie das funktioniert, erfahren Sie im nächsten Kapitel.

2. Den Boden bereiten. Die Familie überzeugen, Kinderbetreuung organisieren, für Entlastung sorgen

Wenn man einem Hund den Knochen wegnimmt, beginnt er zu knurren. So ging es meinen Kindern, nachdem ich wieder eingestiegen war.

(Anette)

Sie sind fest entschlossen, Ihren Wiedereinstieg in Angriff zu nehmen. Wunderbar. Jetzt gilt es, die Voraussetzungen zu schaffen, damit das Familienboot ohne seine Steuerfrau nicht aus dem Gleichgewicht gerät:

- Den Mann, der daran gewöhnt ist, dass ihm der Rücken frei gehalten wird, müssen Sie positiv auf Ihre Rückkehr ins Berufsleben einstimmen.
- Die Betreuung der Kinder muss organisiert werden.
- Um Beruf und Familie unter einen Hut zu bringen, müssen Sie sich vom Mythos der Vollkommenheit und von Zeiträubern im Haushalt verabschieden.
- Und nicht zuletzt sollten Sie dafür sorgen, dass trotz Mehrfachbelastung nicht alle Sicherungen durchbrennen. Sorgen Sie für eine gute Work-Life-Balance und spinnen Sie Netzwerke zur gegenseitigen Unterstützung.

2.1 Die Familie überzeugen

Wenn die Familienmanagerin plötzlich ihr Pensum reduziert, kann das Kleinunternehmen Familie durchaus in eine heftige Krise geraten. Das muss nicht sein, wenn das Projekt Berufseinstieg gut mit den Teammitgliedern – der Familie – abgesprochen wird. Aufgaben des Managements müssen an die Mitarbeiter des Kleinunternehmens, also Mann und Kinder, übertragen werden. Einige Arbeitsgebiete können ohne weiteres an externe, professionelle Helfer übergeben werden. Outsourcing heißt hier die Devise: Wofür gibt es Haushaltshilfen, Hausaufgabenbetreuung und Nachhilfe?

Wahrscheinlich trifft Ihre Entscheidung, wieder ins Berufsleben einzusteigen, Ihren Partner nicht aus heiterem Himmel. Wahrscheinlich haben Sie schon öfter angedeutet, dass Sie sich unausgefüllt fühlen und wieder mehr Anregung von außen brauchen. Dann wissen Sie auch schon, wie Ihr Partner grundsätzlich dazu steht.

Nimmt er sich Zeit für ein Gespräch oder wertet er Ihren Wunsch ab durch ein „Wer hat dir denn den Floh ins Ohr gesetzt?“ Wenn er Ihr Anliegen nicht ernst nimmt, so müssen Sie ihm deutlich machen, wie wichtig Ihnen das Thema ist. Machen Sie einen festen Gesprächstermin mit ihm aus und legen Sie sich Argumente zurecht, um ihn positiv zu stimmen. Ähnlich liegt der Fall, wenn der Partner Sie mit einer Floskel abfertigt wie „solange Haushalt und Kinder nicht vernachlässigt werden …“. Damit signalisiert er zwar, dass Sie machen können, was Sie wollen – vorausgesetzt, er muss sein Leben dafür nicht ändern. Zumindest dann, wenn Sie nicht nur für wenige Stunden berufstätig sein werden, wird sich im Familienleben aber zwangsläufig einiges ändern müssen.

Argumente für skeptische Ehemänner:

- Wenn das Geld knapp ist oder eine größere Anschaffung ansteht, ist die Lage am einfachsten: Sie werden das Familienbudget aufbessern.
- Wenn er ein harmoniebedürftiger Mensch ist, argumentieren Sie damit, dass Erfolgserlebnisse im Beruf zu Ihrer Entspannung beitragen und Sie wieder stärker für die Familienarbeit motivieren.
- Wenn er befürchtet, dass Sie zu selbstbewusst werden und ihm durch zu viele Außenkontakte entgleiten könnten: Überzeugen Sie ihn, dass Sie sich ihm durch eine Berufstätigkeit wieder gleichberechtigter fühlen und die Beziehung noch mehr genießen könnten.
- Hat er Angst um seine Bequemlichkeit, so machen Sie ihm klar: Als berufstätige Frau können Sie nicht mehr Abend für Abend das Drei-Gänge-Menü kochen, aber von Ihrem Einkommen werden Sie ihn in Zukunft gern ab und zu zum Essen einladen.
- Ist er der Meinung, dass die Frau grundsätzlich ins Haus gehört? Diese Spezies von Mann ist glücklicherweise fast ausgestorben. Gehört Ihr Mann zu den letzten lebenden Exemplaren, so ist viel Überzeugungsarbeit zu leisten. Lassen Sie dennoch nicht locker um des lieben Friedens willen. Es ist Ihr Leben. Sie haben nur eins!

Machen Sie sich klar: Es wird Ihnen nicht gelingen, einen skeptischen Ehemann positiv zu stimmen, wenn Sie ihm lediglich vor Augen halten, dass die schönen Zeiten vorbei sind und er künftig im Haushalt ganz anders rangenommen wird. Er muss einen Zugewinn zumindest erahnen können.

Wenn frau Teilzeit arbeitet, ändert sich auf den ersten Blick wenig im Familienleben. Selbst skeptische Ehemänner stellen bald fest, dass die Kinder ganz sicher nicht vernachlässigt werden, und genießen eine ausgeglichenere Frau.

Ruhe nach dem Sturm – die Männer erzählen ...

Max (43), der Ehemann von Carola (29), erzählt: „Ich gebe zu, ich bin altmodisch. Ich fand es unnötig, dass Carola arbeitet. Schließlich kann ich ja die Familie ernähren und mir war es wichtig, dass die Kinder bestens versorgt sind. Meine Bedingung war dann auch ganz klar, dass die Kinder nicht unter ihrer Berufstätigkeit leiden dürfen. Das funktioniert tadellos und Carola ist tatsächlich wieder viel ausgeglichener."

Wenn Ihr Mann grundsätzlich positiv reagiert, können Sie sich freuen. Trotzdem sollten Sie einen Termin für ein ausführliches Gespräch vereinbaren und darüber sprechen, welche Voraussetzungen erfüllt werden müssen, bevor Sie sich auf die Suche nach einem Job machen. Was sich alles ändern muss, kann ihr bislang so verwöhnter Partner sich wahrscheinlich gar nicht vorstellen.

Ulf (35), der Mann von Lisa (36), hatte keine Probleme mit den Jobperspektiven seiner Frau – im Gegenteil: „Damals hatte ich mich gerade selbstständig gemacht. Ein kleines, aber zumindest festes Zusatzeinkommen war herzlich willkommen und unserer Beziehung hat es gut getan, dass Lisa wieder unter Menschen kam. Sie bringt neue Ideen aus einem anderen Unternehmen mit und liefert mir damit Anregungen für meinen Betrieb. Auf der anderen Seite bin ich natürlich auch mehr gefordert. Ich gebe zu, dass ich keinen Luftsprung mache, wenn ich abends nach der Arbeit noch Staub saugen soll. Wir denken gerade über eine Putzhilfe nach."

Bettina (37) kann ihren Mann nur uneingeschränkt loben: „Ich habe einen wunderbaren Ehemann, der mich moralisch sehr unterstützt. Er übernimmt sogar Haushalt und abendliche Kinderbetreuung, wenn ich zum Beispiel drei Tage wegen eines Seminars in einer anderen Stadt bin. Dafür hat er wieder eine ausgeglichene und zufriedene Ehefrau."

Klaus, der Mann von Doris (37), ist selbstständig und in Elternzeit. Die klassische Rollenaufteilung gab es bei den beiden nie. Seit Doris Vollzeit arbeitet, ist er aber stärker als seine Frau in die Erziehungsarbeit eingebunden. Er arbeitet vormittags, wenn der Sohn im Kindergarten ist, und ist nachmittags für die Betreuung zuständig. Im Freundeskreis wurde das neue Modell positiv aufgenommen. Eine Dauerlösung ist es für beide nicht. „Bis unser Sohn selbstständig ist, werden wir wohl je nach Arbeitsmarktlage noch etliche verschiedene Betreuungsmodelle ausprobieren", vermutet Klaus.

... und die Kinder erzählen

Solange die Kinder klein sind, werden Sie sie wahrscheinlich nicht in Ihre Überlegungen einbeziehen. Ab dem Schulalter können Ihre Sprösslinge erahnen, was es bedeutet, wenn auch Mama wie Papa zur Arbeit geht. Erklären Sie Ihnen, was Sie konkret vorhaben: Wenn Papa beispielsweise nie vor 19 Uhr oder noch später heimkommt, könnten Sie bei den Kleinen Ängste auslösen.

Wenn Sie eine Teilzeittätigkeit planen, werden die Kinder in der Regel wenig davon mitbekommen, dass Sie vormittags nicht zu Hause, sondern arbeiten sind. Trotzdem sollten sie wissen, dass Ihnen nun weniger Zeit für die Hausarbeit bleibt und dass Sie Unterstützung von anderen Familienmitgliedern brauchen. Wenn Sie Vollzeit arbeiten möchten, müssen jüngere Kinder gut vorbereitet werden. Grundschüler, die mehrere Stunden am Nachmittag allein sind, entwickeln leicht Verlassenheitsängste.

Als Sina in die Schule kam, ging ihre Mutter nach zehn Jahren Pause zurück in den Beruf. Vollzeit. Wenn die Sechsjährige aus der Schule kam, gab es Telefoncoaching durch die Mutter. Dann kam ihre zehnjährige Schwester heim und wärmte das Essen auf. „Wenn meine Schwester gute Laune hatte, lief es super. Dann haben wir es uns richtig schön gemacht. Wenn sie schlechte Laune hatte, hat sie die an mir ausgelassen." Nach einem halben Jahr bekam Sina einen Hortplatz, warmes Mittagessen, Hausaufgabenbetreuung und jede Menge Kinder zum Spielen inklusive. Heute ist sie zwölf und heilfroh, dass nicht ständig jemand da ist, der sie beaufsichtigt. „Meine Freundinnen beneiden mich total."

Die Umstellung ist für größere Kinder, die viele Jahre die Rundumversorgung genossen haben, sehr schwierig. Sie müssen jetzt auf viele Selbstverständlichkeiten verzichten – auch wenn es schön war, von Mama nach der Schule mit warmem Essen erwartet und mittags zu allen möglichen Freizeitaktivitäten kutschiert zu werden. So sehr die großen Kids diese Annehmlichkeiten am meisten vermissen werden, so leicht sind sie auch von den Vorteilen mütterlicher Berufstätigkeit zu überzeugen. Letztlich wird der Stolz auf die erfolgreiche Mutter dominieren.

Jana (14), die Tochter von Tanja, war elf Jahre alt, als ihre Mutter wieder fest ins Berufsleben einstieg. „Das war so, als hätte mir jemand von heute auf morgen das Rundum-sorglos-Paket gekündigt", sagt sie. Ihr Vater hatte als Polizist schon immer im Schichtdienst gearbeitet, nun war auch die Mutter im Krankenhaus in Schichten eingebunden. Wenn die Eltern parallel Dienst hatten, musste Jana allein aufstehen und frühstücken oder war auch abends mal allein. „Am Anfang habe ich zweimal den Wecker überhört, dann war das kein Thema mehr." Die Mutter hatte sie bestens vorbereitet. „Ich wusste, was mich erwartet. Meine Mutter hatte mich ja in ihre Entscheidung mit einbezogen." Die Abende allein wusste sie schon bald zu schätzen. „Na, klar. Natürlich habe ich es ausgenutzt, ohne Aufsicht fernsehen zu können! Aber der Reiz des Verbotenen war bald weg und mein Fernsehkonsum hat sich wieder normalisiert."

Jana war gezwungen, selbstständig zu werden. Mittags fiel Mutters Fahrservice weg und sie musste den Schulbus nehmen. Das war weniger bequem und dauerte länger, dafür konnte sie ausführlich mit den Freundinnen quatschen. Inzwischen ist Jana ein Teenager und findet es wichtig, dass die Mutter berufstätig ist. Sie gibt zu: „Wenn wir ein paar Stunden weniger zusammen sind, haben wir weniger Gelegenheit uns zu streiten". Jana grinst: „Das findet meine Mutter übrigens auch."

Ähnlich geht es der Familie, wenn die Mutter sich nach längerer Familienzeit selbstständig macht. Zwar ist die Betreuung gewährleistet, wenn die Mutter vom Home-Office aus das Unternehmen leitet. Aber dass sie plötzlich weniger Energie in den Haushalt investieren kann, fällt Mann und (älteren) Kindern schnell auf. Solange der Kühlschrank gefüllt ist und das Essen abends pünktlich auf dem Tisch steht, unterstützen Männer die Selbstverwirklichung ihrer Frauen. Müssen sie bei der Versorgung durch die Frauen Einbußen in Kauf nehmen, wird genörgelt. „Meinst du nicht, dass du zu viel arbeitest?", bekommt Christiane zu hören, wenn sie am Sonntag noch ein Kapitel redigieren muss, das sie unter der Woche nicht geschafft hat. Ähnlich streng sind Theas Kinder: „Wenn ich nervös bin, heißt es natürlich gleich: ‚Mama, du arbeitest zu viel.'" Gemault haben sie, als die Mutter sich selbstständig machte, aber sie haben auch gelernt, sich selbst das Mittagessen zu machen, und sind mächtig stolz auf die erfolgreiche Mutter.

2.2 Kinderbetreuung

„Soll ich zuerst die Kinderbetreuung organisieren oder im ersten Schritt Informationen zu Fortbildungsmaßnahmen einholen?", fragen viele Frauen. Wenn Sie davon ausgehen können, dass Ihr Kind im nächsten Jahr einen Kindergartenplatz bekommt, können Sie schon mit der Organisation Ihrer Fortbildung beginnen. Wenn es dagegen noch offen ist, ob Sie überhaupt eine Betreuung für das Kind oder die Kinder finden, sollte erst die Kinderbetreuung geklärt sein. Vielleicht gehen Sie aber auch parallel vor.

Wenn Ihre Kinder noch nicht zehn, zwölf Jahre alt sind und Sie mehr als ein paar Stunden in der Woche arbeiten wollen, stehen und fallen Ihre Pläne mit einer zuverlässigen Kinderbetreuung. Beginnen Sie rechtzeitig mit der Suche, denn Betreuungsmöglichkeiten speziell für Kleinkinder und Schulkinder sind rar. Die Nachfrage übersteigt – zumindest in den alten Bundesländern – das Angebot bei weitem. Während ein Vormittags-Kindergartenplatz in allen Bundesländern außer Bayern garantiert ist, sieht es mit den Möglichkeiten zur Betreuung von Kleinkindern nach wie vor schlecht aus.

„Ich habe ‚kleine Brötchen gebacken' bis zur Kindergartenzeit meines Sohnes", erzählt Anne (43). „Der Kindergarten war eine gute kontinuierliche Zeit, die Grundschulzeit war wieder ein Rückschritt – während der ersten zwei Jahre haben die Kinder oft um 11.15 Uhr Schluss, außerdem fiel oft eine Stunde aus. Jetzt macht mein Sohn das erste Jahr am Gymnasium, das sieht gut aus. Er ist selbstständig genug. Selbst wenn eine Stunde ausfällt, muss ich mich nicht mehr kümmern." Diese Erfahrungen teilen viele Mütter.

Wenn Sie die Betreuungsfrage angehen, sollten Sie zunächst überlegen, welche Art der Betreuung für Ihr Kind in Frage kommt und ob die Öffnungszeiten mit Ihren geplanten Arbeitszeiten übereinstimmen. Vergessen Sie nicht, die Zeit für den Weg in die Betreuungseinrichtung einzuplanen. Sammeln Sie Informationen. Schauen Sie sich entsprechende Einrichtungen an. Schließlich soll sich Ihr Kind wohl fühlen und altersgerecht gefördert werden.

Erste Anlaufstelle kann das örtliche Jugendamt sein, wo Sie in der Regel eine Übersicht über Kinderbetreuungsmöglichkeiten an Ihrem Wohnort erhalten. Erkundigen Sie sich am besten auch gleich, wann Sie Ihr Kind anmelden müssen und wie viele Plätze nach welchen Kriterien vergeben werden. Empfehlenswert ist es, mehrgleisig zu fahren und nicht alles auf eine Karte zu setzen. Was machen Sie zum Beispiel, wenn Sie den Arbeitsvertrag in der Tasche haben, aber von Ihrem Wunsch-Kindergarten eine Absage bekommen …?

Suchen Sie nach einer **professionellen** Betreuung. Die arbeitslose Freundin, die sich als Kinderbetreuerin anbietet, findet hoffentlich bald wieder einen Job. Und die kinderliebe ältere Nachbarin ist möglicherweise auf Dauer doch mit der

Betreuung eines Kleinkindes überfordert und somit keine Dauerlösung. Sehr wichtig ist neben der professionellen Betreuung aber ein privates Netzwerk für Notsituationen. Stellen Sie sich folgende Situation vor: In der Firma steht eine wichtige Präsentation an. Sie sind maßgeblich daran beteiligt – eine wunderbare Chance, sich ins rechte Licht zu rücken. Am Vorabend fiebert Ihr Kind. Für solche Situationen sollten Sie zwei oder drei Telefonnummern parat haben.

Außerdem sollten Sie eine gewisse Vorlaufzeit einkalkulieren. Je kleiner Ihr Kind ist, desto länger dauert die Eingewöhnungsphase im Kindergarten oder bei der Tagesmutter. Sie wollen ja schließlich ruhigen Gewissens in die Arbeit gehen.

Wichtig: Wenn Sie sich für eine Kinderbetreuung entschieden haben, dann schenken Sie dieser Ihr Vertrauen. Natürlich kommt es immer wieder vor, dass die Betreuungsprofis einen Fehlgriff tun, aber übertriebene Vorsicht ist fehl am Platze. Und hören Sie nicht auf das Gerede der anderen, die alles besser wissen: „Also, ich würde mein Kind nicht in eine Krippe geben …“ Sie entscheiden – und wenn Sie ein gutes Gefühl haben, dann wird es dem Kind auch gut gehen.

Trotz bester Betreuung durch ausgebildete Erzieher wird es immer wieder Phasen geben, in denen Ihr Kind keine Lust auf die Gruppe hat. Das kann unterschiedliche Gründe haben: Vielleicht fühlt es sich körperlich nicht wohl, hat Streit mit anderen Kindern oder fühlt sich von der Erzieherin ungerecht behandelt. Das ist kein Grund, die Betreuungseinrichtung gleich grundsätzlich in Frage zu stellen. Meist vergessen Kinder das Problem schneller wieder als die Eltern. Sie selbst gehen ja auch nicht an jedem Tag gleich gern zur Arbeit. Bei kleineren Kindern wird es immer wieder vorkommen, dass sie sich beim Abschied an Sie klammern. Der Abschiedsschmerz vergeht aber in der Regel schnell. Größere Kinder äußern ihre Unlust verbal. Wenn sich das Kind über einzelne Erzieher beklagt, suchen Sie das Gespräch mit der Leitung der Betreuungseinrichtung und/oder der Erzieherin. Wenn Kinder über einen längeren Zeitraum hinweg starken Unwillen äußern, sollten Sie hellhörig werden.

Betreuung für Kinder unter drei Jahren

Die Suche nach einer Betreuung für Kinder unter drei Jahren ist in Deutschland nicht einfach. Wenn Sie nicht in einer Großstadt wohnen, ist sie sogar extrem schwierig. Zumindest in den alten Bundesländern geht man immer noch davon aus, dass ein Kind unter drei Jahren am besten von der Mutter betreut wird. So sind Frauen aufgrund mangelnder öffentlicher Betreuung oft auf (teurere) private Alternativen angewiesen.

Ein Vorteil von privaten gegenüber öffentlichen Betreuungseinrichtungen ist sicher, dass es keine festen Öffnungszeiten gibt und die Betreuungszeiten den Arbeitszeiten der Eltern angepasst werden können. Auch Ferienzeiten können individuell vereinbart werden.

Kinderfrau

Die bequemste, aber auch die kostspieligste Lösung ist sicher die fest angestellte Kinderfrau, die ins Haus kommt. Sie ist eine feste Bezugsperson, da sie das Kind oft über Jahre hinweg betreut. Ein großer Vorteil ist weiterhin, dass sie auch für das Kind da ist, wenn es krank ist, und nach Absprache auch einen Teil der Hausarbeit erledigt. Andererseits können auch Kinderfrauen krank werden. Für diesen Fall sollten Sie vorsorgen.

Aupair-Hilfe

Die weniger professionelle, aber sehr viel günstigere Variante der Kinderbetreuung im eigenen Heim ist das Aupair-Mädchen (und seltener auch Aupair-Junge). Voraussetzung ist eine Wohnung oder ein Haus mit einem zusätzlichen Zimmer. Darauf hat ein Aupair Anspruch.

Grundsätzlich ist ein Aupair-Mädchen eher eine Art große Schwester als eine Hausangestellte. Sie betreut die Kinder und hilft bei kleineren Hausarbeiten, darf aber keineswegs als Putzfrau missbraucht werden. Qualifiziertes Haushaltsmanagement kann man von den in der Regel noch sehr jungen Frauen kaum erwarten. Das Aupair kommt nach Deutschland, um die Sprache zu lernen und Einblick in die Kultur des Landes zu bekommen. Sie wird zum Familienmitglied auf Zeit. Sie sollten deshalb ein bisschen Zeit und Lust haben, sich mit dem Mädchen zu beschäftigen.

Wichtig ist es, eine längere Vorlaufphase einzuplanen. Die Einarbeitung eines Aupairs kostet Zeit. Wer ruhig schlafen will, sollte sich hüten, das Aupair zwei Tage vor Antritt einer neuen Stelle anreisen zu lassen.

Das müssen Aupairs leisten:

- 30 Stunden Arbeitszeit pro Woche

- Mithilfe bei der Kinderbetreuung (etwa Kinder zum Kindergarten oder zur Schule bringen und abholen, beim Ankleiden und Zubettgehen helfen, Kinder beschäftigen und mit ihnen spielen)
- Mithilfe bei den täglichen Hausarbeiten (etwa bei der Essensvorbereitung, Abwaschen, leichtere Reinigungsarbeiten, Einkaufen)
- Zwei- bis dreimal in der Woche Babysitting am Abend

Das müssen Sie Ihrem Aupair gewähren:

- Kostenlose Verpflegung und ein eigenes Zimmer
- Taschengeld von 205 Euro plus Fahrkarte für den Nahverkehr plus Versicherungen
- In der Woche einen freien Tag und drei freie Abende; bei einjährigem Aufenthalt vier Wochen Urlaub bei Weiterzahlung des Taschengelds
- Möglichkeit zur Teilnahme an Sprachkursen und Exkursionen

Wie finde ich eine geeignete Aupair-Hilfe?

Entscheidend ist eine gute Vermittlungsagentur, die die jungen Leute sorgsam auswählt und dafür sorgt, dass Familie und Aupair tatsächlich zusammenpassen. „Wir telefonieren mit allen Kandidatinnen“, erzählt Christiane von Aupair-Partners (www.aupair-partners.com). „Wenn wir merken, dass ein Mädchen keinerlei Interesse an Kindern hat, sondern Reisen als Hobby angibt, dann ist sie nicht die geeignete Person für uns.“ Wenn eine Familie anfragt, beginnt das „Matching“. Welche Bedürfnisse hat die Familie, welche Vorlieben? Wie alt sind die Kinder? Was muss das Aupair leisten? Wie gut müssen die Deutschkenntnisse sein? „Wenn eine Familie ein Aupair aus Asien wünscht, die Mutter aber Vollzeit berufstätig ist, dann sind Schwierigkeiten vorprogrammiert“, erklärt Christianes Partnerin Anne. „Bei Mädchen aus exotischen Ländern müssen Familien darauf gefasst sein, dass die Eingewöhnung langwierig ist. „Das ist etwas für Frauen, die von zu Hause aus arbeiten und eine kulturelle Botschaft haben“, ergänzt Christiane.

Trotz aller Mühe bei der Vorauswahl kann es Schwierigkeiten geben. Dann ist es hilfreich, wenn die Agentur auch nach der Vermittlung zur Verfügung steht und zwischen heimwehkranken Aupairs und verunsicherten Familien vermittelt. Erkundigen Sie sich im Vorfeld nach den Leistungen der Agentur.

Meist geht alles gut. Und oft fließen Tränen, wenn es nach einem Jahr Abschied nehmen heißt. Denn in der Regel kehren Aupairs nach zwölf Monaten in ihr Heimatland zurück und ein neues Mädchen muss gefunden und eingewöhnt werden.

Aupair Society e. V.
Bundesverband der Aupair-Vermittler, Gasteltern und Aupairs
www.aupair-society.org

Die Aupair-Agenturen, die hier Mitglied sind, erfüllen strenge Qualitätskriterien.

Tagesmutter

Auch Tagesmütter sind eine relativ preiswerte Alternative zur eigenen Kinderfrau. Wie der Name schon sagt, übernimmt die Tagesmutter das, was Sie bis jetzt gemacht haben: Sie betreut Ihr Kind, bekocht es, spielt mit ihm. Sie trägt viel Verantwortung, deshalb muss eine gute Vertrauensbasis da sein. Mutter und Tagesmutter sollten ähnlich „ticken“. Wenn die Vorstellungen von Erziehung zu sehr auseinander gehen, wird es früher oder später Konflikte geben.

Wie finde ich eine gute Tagesmutter?

Erst wenn eine Tagesmutter mehr als drei Kinder betreut, braucht sie eine Pflegeerlaubnis vom Jugendamt. Dadurch gibt es kaum Qualitätskriterien. Am besten, Sie hören sich um. Sicher kennen Sie Frauen, die schon Erfahrungen mit Tagesmüttern gemacht haben. Überlegen Sie im Vorfeld, was Ihnen wichtig ist: Ist es Ihnen lieber, wenn die Tagemutter nur ein Kind betreut, oder würde Ihnen eine Gruppe von mehreren Kindern eher zusagen? Fragen Sie nach dem üblichen Tagesablauf. Was unternimmt die Tagesmutter mit den Kindern? Was bekommen sie zu essen? Nimmt die Tagesmutter an Fortbildungen teil? Im Gespräch werden Sie schnell feststellen, ob die Tagesmutter Spaß an ihrer Arbeit hat, ob sie Interesse an der Förderung der Kinder zeigt oder sich nur als Aufbewahrungsstation versteht.

Bettina (37) hat Glück gehabt mit der Wahl der Tagesmutter für ihren eineinhalbjährigen Sohn. „Er geht jetzt dreimal pro Woche für einen knappen Tag, von 9 bis 16 Uhr, zur Tagesmutter. Sie ist eine liebevolle Frau und er hat dort andere Kinder um sich. Ich habe den Eindruck, er fühlt sich sehr wohl.“

Die Preise schwanken von Region zu Region, hängen auch davon ab, wie viele Kinder gleichzeitig betreut werden. Grundsätzlich ist der Stundensatz verhandelbar. Beim Tagesmütter-Bundesverband gibt es Musterverträge, in denen Sie alles, was Ihnen wichtig ist, festhalten können.

Tagesmütter Bundesverband e. V.
Breite Straße 2, 40670 Meerbusch
Tel.: 0 21 59 / 13 77, Fax: 0 21 59 / 20 20

E-Mail: tagesmuetterbv@t-online.de
Internet: www.tagesmuetter-bundesverband.de

Fördert unter anderem den Ausbau der Kinderbetreuung in Tagespflege und verschickt Musterverträge.

Hilfe geben auch Jugendämter, Vermittlungsstellen von Trägern der freien Jugendhilfe, ortsansässige Tageselternvereine und Frauenbeauftragte.

Kinderkrippen

Kinderkrippen sind viel besser als ihr Ruf. Viele Eltern haben Vorbehalte, weil Kinderkrippen früher Aufbewahrungsstätten für Kinder aus sozial schwachen Familien waren. Heute wird in Krippen hervorragende pädagogische Arbeit geleistet. Während die meisten Tagesmütter keine pädagogische Ausbildung haben, kümmern sich in Krippen eine Erzieherin und eine Kinderpflegerin um jeweils acht Kinder. Die Räumlichkeiten sind meist großzügig ausgestattet und werden in der Regel durch einen Garten ergänzt. Essen wird meist frisch gekocht. Die Kinder gewöhnen sich schnell ein, genießen das Zusammensein mit anderen Kindern und lernen voneinander. „Unsere Kinder waren beide neun Monate alt, als sie in die Krippe kamen“, erzählt Iris (36). Die Schwiegereltern waren entsetzt, viele Freunde skeptisch. „Muss denn das sein …“, das war der beinahe unisono ertönende Chor. Doch Marina bereute die Entscheidung nie: „Die Kinder haben ihre Krippe geliebt. Manchmal war ich sogar eifersüchtig, weil sie am Wochenende ihre Freunde dort vermisst haben.“

Krippen sind ganztägig geöffnet, aber die Eltern entscheiden innerhalb der Rahmenöffnungszeiten selbst, wie lange ihr Kind bleibt. Erkundigen Sie sich beim Jugendamt nach den Adressen der Kinderkrippen in Ihrer Nähe. Die Wartelisten sind leider lang, die Wartezeit beträgt mindestens ein Jahr, oft länger.

Elterninitiativen

Wenn Sie keinen Krippenplatz finden, können Sie eine Elterninitiative suchen oder gemeinsam mit gleich gesinnten Eltern eine solche gründen. Viel Eigeninitiative ist erforderlich, Putzen und Kochen gehören meist zu den Aufgaben der Eltern. Dafür wählen die Eltern in der Regel gemeinsam die Erzieher Ihrer Kinder aus und bestimmen die Philosophie der Einrichtung. Ist die Initiative als Träger der freien Jugendhilfe anerkannt, sind auch Zuschüsse aus öffentlichen Mitteln möglich. Auskünfte erteilen Jugendämter und Wohlfahrtsverbände.

Bundesarbeitsgemeinschaft Elterninitiativen e. V. (BAGE)
Einsteinstraße 111, 81675 München
Tel.: 089 / 470 65 03
www.bage.de

Betreuung für Kinder von 3 bis 6 Jahren

Wenn die Kinder das Kindergartenalter erreicht haben, können viele Mütter aufatmen. Das Recht auf einen Kindergartenplatz ist in Deutschland (außer in Bayern) seit einigen Jahren gesetzlich verankert. Das bedeutet jedoch nicht, dass Sie einen Platz im Kindergarten Ihrer Wahl sicher haben. Es bedeutet auch nicht, dass ein Platz ab dem dritten Geburtstag des Kindes zur Verfügung steht, und es bedeutet erst recht nicht, dass Kinder dort auch über Mittag betreut werden. Ganztagsplätze sind nach wie vor rar. Dennoch ist die Vorschulzeit der Kinder für Mütter der ideale Zeitpunkt zum Wiedereinstieg, weil die Betreuungssituation in dieser Zeit immerhin besser ist als in der Kleinkindphase oder während der Schulzeit.

Kindertagesstätten

In Kindertagesstätten werden Kinder zwischen drei und sechs Jahren betreut. Betrieben werden die Einrichtungen von Kommunen, Kirchen und Wohlfahrtsverbänden. Darüber hinaus gibt es private Kindergärten mit besonderen Konzepten (Waldorf-, Montessori-, Waldkindergärten u. a.). Einige Vorzeigebetriebe unterhalten auch Betriebskindergärten. Der Kindergarten gilt als erste Stufe unseres Bildungswesens und ergänzt die Familienerziehung. Anders als in Krippen, deren Aufgabe in erster Linie die Betreuung ist, sollen die Kinder in Kindergärten ihr Sozialverhalten trainieren und auf die Schule vorbereitet werden.

Betreuung für Schulkinder

Jetzt gehen die Probleme richtig los! Die Kindergartenzeit war von der Betreuung her eine Verschnaufpause. Nun sind Sie zumindest in den ersten Jahren mit Schulzeiten konfrontiert, die sich nicht einmal mit einer Halbtagsstelle decken. Und wenn plötzlich der Unterricht wegen Hitzefrei ausfällt? Auch die zwölf Wochen Ferien, die Ihre Kinder jubeln lassen, werden Sie ordentlich zum Schwitzen bringen.

Schulhort

Schön, wenn Sie einen Hortplatz ergattern. Hier werden schulpflichtige Kinder bis zum Alter von zehn, zwölf Jahren nach der Schule bis etwa 17 Uhr betreut. Sie bekommen ein Mittagessen, werden bei den Hausaufgaben unterstützt und gestalten gemeinsam die Freizeit. Auch in den Ferien wird ein Programm angeboten. Die Gruppen sind meist altersgemischt.

Übermittagsbetreuung

Die Betreuung über Mittag mit gemeinsamem Essen und Hausaufgabenbetreuung gehört in einigen Bundesländern zum Standard, in anderen wird sie von Eltern privat organisiert.

Ganztagsschulen

Die Versorgung mit Ganztagsschulen soll in den nächsten Jahren ausgebaut werden. Bis sie flächendeckend ist, werden noch einige Jahre vergehen. Ganztagsschulen bieten ebenfalls gemeinsames Mittagessen und eine Nachmittagsbetreuung an.

Hausaufgabenbetreuung in weiterführenden Schulen

Einige Gymnasien und Realschulen bieten heutzutage Hausaufgabenbetreuung für Kinder bis etwa zur 7. Klasse durch Tutoren oder Lehrer an. Dies kann auch ein Kriterium für die Wahl einer Schule sein.

Mütterzentren

Sie sind ein Ort der Begegnung für Mütter, bieten aber auch manchmal einen Mittagstisch für Kinder berufstätiger Eltern, Hausaufgabenbetreuung und Abholdienste.

Mütterzentren Bundesverband e. V.
Geschäftsstelle
Müggenkampstraße 30a, 20257 Hamburg
Tel.: 040 / 40 17 06 06
www.muetterzentren-bv.de

Wenn alle Stricke reißen

Sie haben die geeignete Betreuung gefunden? Wunderbar. Doch haben Sie auch für den Notfall vorgesorgt? Wer springt ein, wenn die Tagesmutter krank ist oder das Kind mit Fieber oder Windpocken im Bett liegt und nicht in den Kindergarten oder in die Schule gehen kann? Zwar ist der Gesetzgeber großzügig und gesteht Müttern und Vätern, die gesetzlich versichert sind, pro Jahr eine gewisse Zahl von bezahlten Tagen für die Betreuung kranker Kinder zu. Die Realität sieht oft anders aus. Viele Frauen haben Angst, Ihren Arbeitsplatz zu verlieren und wagen es nicht, zu Hause bei Ihren kranken Kindern zu bleiben. Und dann sind da noch die Ferien. Kein Arbeitnehmer kann drei Monate Ferien nehmen. Wenn Sie nicht Lehrerin sind, haben Sie ein Problem. Vorsorge tut Not.

Informationen zur beruflichen Freistellung bei Krankheit der Kinder finden Sie in der Broschüre **„Staatliche Hilfe für Familien“** des Bundesministeriums für Familie, Senioren, Frauen und Jugend.

Die Broschüre kann telefonisch bestellt werden unter 0 18 88 / 555 - 0, oder Download unter:
www.bmfsfj.de/Kategorien/Publikationen/Publikationen,did=4508.html

Bekannte und Verwandte

Haben Sie Familie in der Nähe? Herzlichen Glückwunsch. Wenn nicht, dann gibt es vielleicht eine Freundin, die nicht berufstätig ist und die einspringen kann, wenn Not am Mann ist. Oder die nette Seniorin aus der Nachbarschaft.

Leihoma

Keine Großeltern in der Nähe? Dann kann möglicherweise eine Leihoma (oder ein Leihopa) einspringen. In manchen Städten vermittelt ein Großelterndienst rüstige Rentner, die stundenweise Kinder zu akzeptablen Preisen betreuen. Eine gute Lösung, wenn Kinder nachmittags, wenn Sie noch im Büro sind, zum Musikunterricht oder zum Turnen gebracht werden müssen oder doch mal eine Überstunde anfällt.

www.leihopa.de

Auf dieser Seite finden Sie Babysitter, Leihopas und -omas. Hausaufgabenbetreuer und sogar Nikoläuse bundesweit finden Sie hier:

www.kinderhut.de

Kinderbetreuung für alle Fälle

Studentenservice

Wenn Sie in der Nähe einer Universität wohnen, gibt es sicherlich einen Studentenservice. Ob Sie eine Studentin oder eine Leihoma bevorzugen, hängt sicher vom Alter des Kindes und von seinem Temperament ab. Ältere Menschen sind oft geduldiger. Junge Menschen können kleinen Ausreißern besser hinterherstellen.

Mütternetzwerk

Eine Hand wäscht die andere. In Krabbelgruppen und auf Spielplätzen haben Sie sicher andere Mütter mit Kindern im gleichen Alter kennen gelernt. Die eine oder andere wird sicher einspringen und Ihr Kind betreuen, wenn es brennt. Das Arrangement sollte aber auf Gegenseitigkeit beruhen.

„Ich habe oft vier oder fünf Kinder am Mittagstisch“, erzählt Sophie (39). „Es ist ja egal, ob ich für zwei oder mehr Kinder koche. Dafür kann ich aber auch sicher sein, dass eine andere Mutter einspringt, wenn ich dringend Betreuung brauche.“

Not-Tagesmütter

In vielen Städten gibt es inzwischen so genannte Not-Tagesmütter, die einspringen, wenn Kinder kurzfristig erkranken und zu Hause gesund gepflegt werden müssen. Das Jugendamt kennt die entsprechenden Adressen und Ansprechpartner.

Ferienbetreuung

Informieren Sie sich frühzeitig, wo Schulkinder in den Ferien betreut werden können. In vielen Städten und Gemeinden gibt es Ferienprogramme schon für Kindergarten- und Schulkinder. Ältere Kinder haben sicher Freude an einer Ferienfreizeit, die ihnen Gelegenheit gibt, neue Freunde oder neue Sportarten kennen zu lernen.

Und was kostet mich das?

Kinderbetreuung in Deutschland ist sicher nicht günstig. Wie viel Sie für welche Betreuung zahlen müssen, hängt von der Einrichtung und der Gemeinde ab. Fest steht, dass Einrichtungen für Kleinkinder am teuersten sind, weil neben der Betreuung auch noch Pflege zu leisten ist. In öffentlichen Einrichtungen richtet sich der monatliche Satz aber nach dem Einkommen der Familie. Die Ermäßigung von Gebühren kann beantragt werden.

Seit 2002 sind Kinderbetreuungskosten absetzbar, soweit Kinder unter 14 Jahren betroffen sind. Für Ehepaare gilt ein Selbstbeteiligungsbetrag von 1548 Euro. Kosten, die darüber hinausgehen, können bis zu einer Höhe von maximal 1500 Euro als außergewöhnliche Belastung abgesetzt werden. Für allein Erziehende gilt eine Selbstbeteiligung von 774 Euro, der darüber hinausgehende Betrag für Kinderbetreuung kann bis zu einer Grenze von weiteren 750 Euro abgesetzt werden.

Hilfe für allein Erziehende:

Verband allein erziehender Mütter und Väter Bundesverband e. V. (VAMV)
Beethovenallee 7, 53173 Bonn
Tel.: 02 28 / 35 29 95
Internet: www.vamv.de

Beratung zur Kinderbetreuung:

Familienhandbuch.de

www.familienhandbuch.de/cmain/f_Aktuelles/a_Kindertagesbetreuung.html

Online-Familienhandbuch des Staatsinstituts für Frühpädagogik, München, mit vielen interessanten Artikeln rund ums Thema Kinderbetreuung.

Arbeiterwohlfahrt Bundesverband e. V.
Oppelner Straße 130, 53119 Bonn
Tel.: 02 28 / 66 85 - 0

Diakonisches Werk der Evangelischen Kirche in Deutschland e. V.
Hauptgeschäftsstelle
Stafflenbergerstraße 76, 70184 Stuttgart
Tel.: 07 11 / 21 59 - 0

Marit Borcherding / Sabine Rock, Gut aufgehoben.
So finden Sie die passende Betreuung für Ihr Kind. Eichborn Verlag 2003

Konstruktive und ermunternde Ratschläge und Hilfestellungen bei der Suche nach einer Betreuung für Kinder im Alter von 0 bis 6 Jahren; ergänzt durch eine Website: www.gut-aufgehoben.info.

2.3 Zeitmanagement im Haushalt – Zeiträuber beseitigen, Aufgaben delegieren

Wenn Sie Ihre Kinder gut untergebracht haben, haben Sie schon das Fundament gelegt für Ihre Berufstätigkeit. Sie gewinnen mehr Freiraum. Im nächsten Schritt müssen Sie lernen, im Haushalt loszulassen. Solange Sie in erster Linie für Haushalt und Kinder zuständig waren, haben Sie einen Standard im Haushalt geprägt, den Sie nur noch schwer halten können, wenn Sie berufstätig sind. Sie müssen lernen, Aufgaben zu delegieren, auch mal über offensichtliche Mängel hinwegzusehen und Prioritäten zu setzen.

„Seit ich selbstständig arbeite, ist Zeit für mich zu einem besonders wertvollen Gut geworden“, erzählt Dietlind (45). So geht es den meisten Berufsrückkehrerinnen. In einem weiteren Schritt sollten Sie auch überlegen, ob Sie die schulische und außerschulische Förderung Ihrer Kinder zu einem Großprojekt gemacht haben, das Sie als berufstätige Mutter nicht mehr stemmen können. Outsourcing kann hier – wie auch im Haushalt – helfen, Probleme zu lösen.

Das böse Vorbild Superfrau

Kennen Sie auch diese Freitagabendfilme, in denen Karrierefrauen mit drei Kindern im Mittelpunkt stehen, die zwar leicht gestresst sind, aber dennoch immer gut frisiert, mit perfekt lackierten Nägeln, Sommerteint aus dem Sonnenstudio und vom Workout gestählten Muskeln das Leben zwischen Laptop und Kochtopf mit links managen? So ganz nebenbei schaffen sie es noch, das Opernabo wahrzunehmen, den Wirtschaftsteil der Zeitung ausführlich zu studieren und Männer mit ihrer sprühenden Erotik zu umgarnen. Geben Sie es auf, diesen Phantomwesen nachzueifern. Kein Mensch – außer vielleicht Sie selbst – verlangt das von Ihnen. Trotzdem sollten Sie nicht vergessen, sich bei all der Arbeit ab und zu ein Verwöhnstündchen zu gönnen. Wer mit herausgewachsener Dauerwelle und im Jogginganzug durchs Haus schleicht, mag nicht mehr in den Spiegel schauen. Sie brauchen aber Selbstbewusstsein, um im Beruf erfolgreich zu sein.

Schaffe ich das überhaupt alles?

Sie haben längst erkannt, dass Sie nicht Superfrau sind. Schon Haushalt und Kinder wachsen Ihnen über den Kopf. Sie sind ständig müde, fühlen sich ausgelaugt und erschöpft. Und jetzt auch noch ein Job? Übernehmen Sie sich nicht?

So ging es Uschi (43) vor zwei Jahren. Die Tochter kam in die Schule, der Sohn in den Kindergarten. Man hatte ihr sogar Hoffnung auf einen Hortplatz gemacht. Ideale Voraussetzungen für den Wiedereinstieg. Aber sie war unentschlossen: „Der Stress mit den Kindern und dem Haushalt wuchs mir über den Kopf. Ich war furchtbar gereizt, habe meine schlechte Laune aber nie der fehlenden beruflichen Auslastung, sondern der familiären Überlastung in die Schuhe geschoben." Ihr Mann schob sie sanft an. Er ahnte wohl, dass seiner Frau ein bisschen Arbeit außer Haus gut tun würde. „Von selbst wäre ich kaum auf Jobsuche gegangen. Aber als ein Nachbar ein Jobangebot für mich hatte, ging alles sehr schnell. Heute bin ich viel zufriedener als vorher."

Carola (29) grinst, wenn man sie fragt, ob sie die zehn Stunden, die sie berufstätig ist, bei der Hausarbeit vermisst: „Seit ich arbeite, habe ich mehr Zeit. Ich bin effizienter, plane besser, lebe weniger in den Tag hinein." Ähnlich geht es Lisa (36). „Es gibt weniger tote Zeit", hat sie erkannt. „Und die Zeit mit den Kindern ist eher intensiver geworden."

Je mehr Sie arbeiten, desto mehr ändert sich, das ist klar. Es wird Tage geben, an denen Sie Ihre Dreifachbelastung verfluchen. Damit Sie auch bei einem Teilzeit- oder gar Vollzeitpensum nicht zusammenbrechen, müssen Sie sich im Haushalt entlasten.

Arbeitsbereich Haushalt

A. Haben Sie Mut zur Lücke

Irgendetwas kommt immer zu kurz. Frauen haben oft einen Hang zu Perfektionismus und setzen sich damit selbst unter Druck. Aus der Selbstüberforderung wird dann schnell ein Ausgebranntsein. Wir meinen genau zu wissen, was andere von uns erwarten. Leider scheinen wir dabei verlernt zu haben, in uns hineinzuhorchen.

Stehen Sie dazu, dass man bei Ihnen nicht vom Boden essen kann! Wozu haben Sie einen Esstisch? Sie haben es nicht geschafft, neben all dem Stress auch noch die Diät durchzuhalten? Na und! Wichtiger als eine perfekte Figur ist eine positive Ausstrahlung. Sie gehen mit Ihren Sprösslingen weder zum Babyschwimmen noch zum Vorschul-Yoga? Die Kinder werden sicher keinen bleibenden Schaden davontragen.

„Ich habe nun vier Stunden am Tag weniger", resümiert Tanja (44), „deshalb habe ich einiges an Ballast abgestoßen: Mein Gemüsegarten wuchert vor sich hin, das Gewächshaus liegt brach und ich bin gleichgültiger meiner Umwelt gegenüber geworden. Es ist mir inzwischen egal, was die Nachbarn denken, wenn ich nur einmal in der Woche den Hof kehre. Und meine Tochter karre ich nicht mehr zum Bauchtanzkurs. Sie ist alt genug, den Bus zu nehmen."

B. Lernen Sie zu delegieren

Wenn die Familienmanagerin ihren Wirkungskreis auf bezahlte Arbeit außer Haus ausdehnt, sind die anderen Teammitglieder stärker gefordert. Aber nur wenn Sie sich vom Perfektionismus verabschiedet haben, können Sie auch delegieren. Delegieren bedeutet loslassen. Vergessen Sie diesen typischen Frauen-Satz „Bis ich erklärt habe, wie etwas getan werden muss, habe ich es längst selbst getan …".

Ihre Familie wird wahrscheinlich erst einmal fleißig üben müssen, bevor Sie Ihren kritischen Ansprüchen in Haushaltsdingen wirklich genügen kann. Es kann schon sein, dass so mancher Pulli schrumpft und so manche Bluse ihre Farbe wechselt, wenn Sie die Wäsche beispielsweise einem anderen Familienmitglied übertragen. Das tut weh, aber wenn Sie auf Dauer die Rolle der Dienstmagd ablegen wollen, müssen Sie da durch. Kaufen Sie Wäschebehälter in unterschiedlichen Farben und versehen Sie jeden Behälter mit dem Hinweis, was hineingehört, und mit einer detaillierten Waschanleitung. Das ist nur ein Beispiel. Irgendwann aber können Sie aufatmen – Hotel Mama hat seine Pforten dann für immer geschlossen.

Nachhilfe für künftige Haushaltsprofis

Alle Kinder, die älter als vier Jahre sind, müssen ab sofort eigene Aufgaben im Haushalt übernehmen. Diese Aufgaben wachsen mit dem Alter. Die Kleinen decken den Tisch, die Größeren können kleine Besorgungen machen. Bald sind sie in der Lage, eine kleine Mahlzeit zuzubereiten, Schuhe zu putzen, die Küche zu fegen, Staub zu saugen, Spül- und Waschmaschinen ein- und auszuräumen und so weiter.

Entscheidend ist, dass Sie Ihren Kindern vertrauen und bereit sind, sie in die Selbstständigkeit zu entlassen. Die Milch wird überkochen, die Pfannkuchen werden anbrennen, so mancher Teller wird zu Bruch gehen. Auch wenn Kinder am Anfang vieles viel langsamer, umständlicher und ungeschickter tun als Sie: Es ist noch kein Meister vom Himmel gefallen, aber wenn Sie Ihren Kindern Vertrauen schenken, werden sie von Mal zu Mal geschickter und selbstbewusster handeln. Kindergartenkinder haben ein ganz natürliches Interesse an Hausarbeit, bei größeren Kindern ist sie bereits negativ besetzt. Umso wichtiger ist es, dass sie früh mit der Zuteilung von Aufgaben anfangen. Je früher das geschieht, desto selbstverständlicher wird es Ihren Kindern erscheinen.

Nehmen wir das leidige Thema „Aufräumen". Kinder lernen erst mit der Zeit, was Ordnung bedeutet. „Räum dein Zimmer auf" ist für ein kleines Kind ein völlig abstrakter Befehl. Es weiß nicht, was zu leisten. ist. Gehen Sie mit Ihrem Kind durchs Zimmer. Legen Sie Plätze fest: Die Puppen haben ihren Lieblingsplatz hier, die Kuscheltiere wohnen dort. Beim nächsten Mal hat Ihr Kind die Aufgabe, die Kuscheltiere und Puppen an ihren jeweiligen Platz zu räumen, die Stifte in eine Box zu geben oder die Kassetten in einer Schachtel zu verstauen. Entscheidend sind konkrete Anweisungen. Eins nach dem anderen. Das Aufräumen kann man zum abendlichen Ritual erklären. Genauso funktioniert es in anderen Bereichen.

Können Männer bügeln?

Inwieweit es Ihnen gelingt, den Partner mehr als bisher einzubeziehen, hängt von zwei Punkten ab: zum einen davon, wie sehr Sie ihn bisher verwöhnt haben, zum anderen aber auch von seiner grundsätzlichen Einstellung zur Hausarbeit. Männer, die schon bei Muttern ab und zu einbezogen wurden und nicht damit aufgewachsen sind, dass Putzen unter der Würde eines Mannes ist, sind eher bereit, sich einzubringen.

„Solange ich zu Hause war, hatten wir die Übereinkunft, dass ich für Kind und Haushalt zuständig bin", erzählt Hannelore (40). „Als ich angefangen hatte zu arbeiten, war ich der Meinung, nun könnte sich auch mein Mann einbringen. Wir hatten dann ziemlich bald eine Putzfrau …"

Anette (46) hat Glück. „Mein Mann unterstützt mich, wo er kann, und bügelt – trotz seines enormen Arbeitspensums – seine Hemden selbst", freut sie sich. Bei ihren Teenagerkindern dagegen hatte sie ordentlich Überzeugungsarbeit zu leisten. Sie gibt zu: „Mein Wiedereinstieg in den Beruf war wie eine Entziehungskur für meine Kinder. Sie haben am Anfang schwer geschluckt. ‚Mami, machst du denn jetzt gar nichts mehr?', hat meine Tochter ganz besorgt gefragt. Inzwischen haben sie gelernt, eine Waschmaschine zu bedienen. Und sie sind stolz auf die Anerkennung, die ich von außen bekomme. Ich denke, ich bin im Ansehen meiner Kinder gestiegen."

Isabelle (45) bekam unverhoffte Unterstützung, als ihr Mann aus gesundheitlichen Gründen frühpensioniert wurde: „Er hat sofort gesagt: ‚Geh du an deinen PC, ich mache den Rest.' Das hat natürlich nicht so leicht funktioniert, wie er es sich vorgestellt hatte. Auch ich musste mit meinen Erwartungen zurückstecken, denn mit gutem Willen allein ist es nicht getan. Mein Mann kocht gern und hat die Küche zu hundert Prozent übernommen – samt Einkauf, Planung und Abwasch. Das ist ein großer Posten, den ich nicht mehr machen muss. Meine Schwiegermutter bügelt mir die Wäsche. Das ist der zweite große Posten in einem Haushalt. Aber für das Putzen musste ich nach ‚verlorenem Kampf' eine Putzfrau engagieren, ich selbst schaffe es definitiv nicht mehr. Und die Hausaufgaben der Kleinsten habe ich wieder an mich gezogen, nachdem sich herausgestellt hat, dass mein Mann kein Händchen für Pädagogik hat."

Vielleicht werden Sie zunächst Gejammer hören und Unlust bei Ihrer Familie spüren. Je mehr Sie Ihre Liebsten bisher verwöhnt haben, desto größer wird das Gejammer sein. Das ist verständlich. Stellen Sie sich vor, Ihr Chef konfrontiert Sie damit, dass Sie von heute auf morgen eine Reihe zusätzlicher Aufgaben übernehmen sollen. Natürlich würden Sie fragen: „Und was habe ich davon?" Wenn die Familie mitzieht, möchte sie auch profitieren. Lassen Sie Ihre Liebsten teilhaben an Ihren Erfolgen im Beruf: Sie haben eine Gehaltserhöhung bekommen, einen wichtigen Auftrag akquiriert, ein Projekt im Team erfolgreich beendet und ein Lob vom Chef bekommen? Laden Sie Ihre Kinder zum Eisessen ein. Und belohnen Sie damit die tatkräftige Mithilfe. Nehmen Sie dem Alltag den Stress. Am Wochenende veranstalten Sie auch einmal ein gemeinsames Putzevent. Danach gehen Sie alle zum Italiener.

Und pflegen Sie Ihre Partnerschaft: Vereinbaren Sie schon im Voraus, dass Sie einen Teil Ihres Gehalts in einen Babysitter investieren. Gönnen Sie sich regelmäßig einen Abend zu zweit. Sie werden sehen, nach einer Weile wird auch ein skeptischer Ehemann eine selbstbewusste, entspannte Partnerin schätzen und gern ab und zu die Bügelwäsche übernehmen.

Wichtig: Wenn Sie einen Aufgabenbereich an ein anderes Familienmitglied delegiert haben, springen Sie nicht sofort herbei, wenn es Pannen gibt. Haben Sie Vertrauen!

C. Setzen Sie Prioritäten

Um die künftige Organisation des Haushalts zu besprechen, rufen Sie am besten zur Teamsitzung auf. Überlegen Sie gemeinsam, welche Arbeiten im Haushalt anfallen, welches Familienmitglied sie am besten übernehmen sollte und wie hoch der Zeitbedarf dafür ist. Was muss täglich erledigt werden und was nur einmal pro Woche? Gibt es Zeitfresser, die ganz gestrichen werden können?

Setzen Sie bei allen Aufgaben Prioritäten. Sie können dazu eine Prioritätenliste anlegen, in der Sie dringende Projekte, die in der Regel täglich anfallen, mit A bezeichnen. Solche, die ein- bis zweimal in der Woche anfallen, werden mit B bezeichnet. Projekte, die in unregelmäßigen Abständen anstehen, dann aber wichtig sind, werden mit C bezeichnet. D-Projekte sind schließlich Aufgaben, die sporadisch anfallen, aber auch verschoben oder ganz gestrichen werden können. Was das im Einzelnen ist, kann von Familie zu Familie unterschiedlich sein.

Die meisten Familien würden darin übereinstimmen, dass folgende Arbeiten nicht verschoben werden können und demnach höchste Priorität genießen:

A-Projekte

- Essen kochen, Mahlzeiten vorbereiten
- Abwaschen
- Müll entsorgen
- Betten machen
- Eventuell Kinderpflege
- Kinder ins Bett bringen
- Eventuell Haustiere versorgen
- Hausaufgabenkontrolle

Die folgenden Dinge müssen nur ab und zu gemacht werden, aber regelmäßig.

B-Projekte

- Einkaufen und Einkaufsplanung
- Putzen (Böden, Küche, Bad etc.)
- Aufräumen
- Wäsche (waschen, trocknen, bügeln)
- Staub saugen, fegen

- Schuhe putzen
- Gartenarbeit

Manche Aufgaben stehen eher selten an, müssen aber auch mit eingeplant werden, zumal sie auf einmal sehr dringlich werden können.

C-Projekte

- Fenster putzen
- Arzttermine
- Kindergeburtstage planen
- Urlaub planen
- Auto und Fahrräder pflegen, kontrollieren, reparieren
- Sprechstunden bei Lehrern

Und dann gibt es noch Dinge, die verschoben oder ganz gestrichen werden können.

D-Projekte

- Nutzflächen wie Keller oder Dachboden aufräumen
- Renovieren
- Näharbeiten
- Kuchen backen
- Wohnung dekorieren

Schauen Sie Ihre Liste an: Auf was könnten Sie ganz verzichten? Sortieren Sie bloße Zeiträuber aus. Ist es wirklich notwendig, auch Handtücher und Unterwäsche zu bügeln? Muss jeden Tag frisch gekocht werden? Muss der Rasen jede Woche gemäht werden? Müssen Sie wirklich Gemüse züchten?

Was könnten Sie nach außen geben? Studenten können Rasen mähen oder Wände streichen. Einige D-Aufgaben können Sie auch Ihren Kindern überlassen. Kinder ab dem Schulalter lieben es, die Wohnung zu dekorieren. Sie müssen auch beim Kaffeeklatsch nicht immer mit selbst gebackenem Kuchen glänzen. Der Bäcker backt für Sie. Aber auch Ihre Söhne und Töchter sind, wenn Sie Ihnen schon öfter beim Teigkneten geholfen haben, fantasievolle und begeisterte Kuchenbäcker.

Wenn Sie den Prioritätenplan gemacht haben, können Sie sich an die konkrete Verteilung der Aufgaben begeben. Und vergessen Sie nicht, dass die „Schulung“ der Familienmitglieder auch ein wenig Zeit kostet, sich aber auf jeden Fall lohnt.

D. Verteilen Sie Aufgaben

Es gibt Arbeiten, die Tag für Tag anfallen oder Woche für Woche. Manchmal gibt es klare Vorlieben. So ist eine meiner beiden Töchter für das Schuheputzen zuständig und kümmert sich um Besorgungen: Sie holt die Wäsche aus der Reinigung, die Schuhe vom Schuster und besorgt unter der Woche Milch, Brot und andere Kleinigkeiten. Ihre kleine Schwester deckt den Tisch, räumt die Spülmaschine aus und besorgt am Samstag die Semmeln beim Bäcker.

Mein Mann bügelt wirklich gern, während ich viel lieber koche. Es bleiben aber noch genügend andere Dinge übrig, die getan werden müssen, um die sich aber niemand reißt. Diese Aufgaben müssen ganz grundsätzlich verteilt werden, natürlich je nach Alter und Eignung. Wenn Aufgaben täglich neu zugewiesen werden müssen, gibt es auch täglich Streit. Vermeiden Sie, dass Sie sich ständig mit Beschwerden über ungerechte Verteilung der Aufträge auseinander setzen müssen: „Wieso schon wieder ich?“ Den Kleineren sollten Sie natürlich zur Seite stehen, aber sie wachsen in die Aufgaben hinein. Am besten, Sie legen die Aufgabenverteilung schriftlich fest und machen Listen, die Sie in der Küche aufhängen. Ob sie täglich wechseln oder wöchentlich, bleibt Ihnen überlassen.

Ein Kalender, in dem alle Termine der Familienmitglieder eingetragen werden, hängt wahrscheinlich schon in Ihrer Küche. So eine „Verwaltungszentrale“ hilft, den Stress zu vermeiden, der entsteht, wenn uns plötzlich einfällt, dass Tochter oder Sohn zum Geburtstag eingeladen sind und wir noch kein Geschenk besorgt haben, dass das Auto zur Inspektion muss oder für den Elternabend ein Babysitter organisiert werden muss, weil der Ehemann auf Geschäftsreise ist.

Das gemeinsame Essen am Abend ist ein tägliches Event, das Sie auch in Stresssituationen nicht streichen sollten. Es sorgt für das Wir-Gefühl im Familienteam. Beim gemeinsamen Essen kann über all das gesprochen werden, was uns gefreut hat, was uns geärgert hat und was ansteht. Damit Sie nicht Tag für Tag neu überlegen müssen, was gekocht werden soll und was dazu eingekauft werden muss, investieren Sie besser eine Stunde am Wochenende für die Planung. Machen Sie einen Speiseplan und eine Einkaufsliste. Jeder darf für einen Tag in der Woche einen besonderen Wunsch äußern. Den Einkauf können dann die anderen erledigen.

In einen solchen Wochenplan können auch Menschen von außerhalb einbezogen werden. Bilden Sie Synergien. Sicher gibt es Mütter, mit denen Sie sich bei Hol- und Bringdiensten abwechseln können.

Ziel: Die Familie ist eingeübt und motiviert, die Haushaltspflichten verteilen sich auf alle Familienmitglieder. Nun können Sie Ihre Berufsrückkehr aktiv und entspannt angehen.

Wichtig: Verplanen Sie nicht 100 Prozent der Zeit. Es gibt immer Pannen und Störungen. Wenn Sie keine Zeitpuffer einplanen, bricht Ihr System zusammen, sobald ein Familienmitglied krank wird, der Mann auf Dienstreise geht oder andere unvorhersehbare Dinge passieren.

E. Gute Geister finden – Outsourcing einzelner Arbeitsbereiche

Wenn Sie im Job ein großes Arbeitspensum haben, werden Sie trotz Mithilfe der Familie nicht mehr alles schaffen. Was macht Ihnen am meisten Probleme? Möchten Sie den Großputz loswerden, das Einkaufen oder die Gartenarbeit? Oder wäre es Ihnen am liebsten, gleich die ganze Hausarbeit vom Hals zu haben? Sicher kennen Sie andere Mütter, die bereits von einer Haushalts- oder Putzhilfe unterstützt werden und Ihnen einen guten Geist empfehlen können. Wenn nicht, dann studieren Sie die Kleinanzeigen in der Zeitung oder achten Sie auf Aushänge im Supermarkt. Wenn Sie selbst aus mehreren Bewerbern aussuchen wollen, müssen Sie sich darauf einrichten, ein paar Vorstellungsgespräche abnehmen zu müssen. Überlegen Sie zuvor genau, was Ihnen wichtig ist. Gut ist immer, wenn die Bewerber Referenzen angeben können.

Inzwischen nehmen Ihnen aber auch Dienstleistungszentren die Suche ab, wählen nach Ihren Bedürfnissen Teilzeitkräfte für private Haushalte aus und rechnen das Gehalt samt Steuern und Sozialabgaben ab. Diese Agenturen werden vom Staat gefördert, um die Zahl der sozialversicherungspflichtig Beschäftigten in Privathaushalten zu erhöhen.

Die Preise für diese Leistung liegen zwischen 14 und 15 Euro brutto pro Stunde. Die Agentur kümmert sich um Abwicklung und Abrechnung.

Hauspersonalagentur.de

www.hauspersonalagentur.de

Hier finden Sie Kinderfrauen, Babysitter, Tagesmütter und andere dienstbare Geister.

Familienservice

www.familienservice.de/xi-399-0-1000-135.html

Dienstleistungen rund um die Betreuung von Kindern sowie älteren und pflegebedürftigen Angehörigen und Alltagsentlastung (z. B. Haushaltshilfen). Bundesweit, in der Schweiz und in Österreich unterhält der Familienservice inzwischen 23 Filialen.

Außerdem können Familien selbst **Mini-Jobs** im eigenen Haushalt vergeben – etwa zur Kinderbetreuung oder zur Erledigung der Hausarbeit.
Minijobzentrale der Bundesknappschaft
www.minjob-zentrale.de

Arbeitsbereich Kindererziehung

Was Kinder von uns brauchen, ist vom Alter abhängig. Wenn sie klein sind, genügt es ihnen, wenn wir ganz einfach da sind, kuscheln, spielen und sie natürlich versorgen. Wenn sie größer werden, brauchen sie auch Ansprache und gezielte Förderung.

Viele, viele kleine Einsteins ...

Montag Klavierunterricht, Dienstag Ballettstunde, Donnerstag Englisch für Vorschulkinder und Freitag Gruppentreffen der Pfadfinder: So sieht das Programm manches Kindergartenkindes aus. „Mami, wann darf ich eigentlich mal spielen?" Wenn Sie diesen Satz von Ihrem Sprössling hören, wissen Sie, dass Sie etwas falsch machen. Natürlich ist es wichtig, Kinder zu fördern, ihre Neugier zu befriedigen, sie in viele Bereiche hineinschnuppern zu lassen. Aber wird heute nicht maßlos übertrieben? Brauchen Kinder wirklich jeden Tag einen festen Termin? Wer zwei oder mehr Kinder entsprechend fördern will, hat ein volles Programm.

Von vielen Müttern habe ich gehört: „Es ist mir wichtig, meine Kinder zu fördern, wie soll ich da noch berufstätig sein?" Wenn Sie sich wiedererkennen, so fragen Sie sich kritisch: Ist das nicht ein bisschen viel des Guten? Haben Sie schon einmal überlegt, ob Sie selbst in der Förderung der Kinder Ihre Selbstverwirklichung finden? Statt stolz zu verkünden, dass Ihre Kinder sportliche Rekorde brechen, bereits mit vier Jahren fließend Englisch sprechen und zauberhaft Geige spielen – wie wäre es, wenn Sie verkünden könnten, dass Sie einen neuen Job gefunden haben, der Ihnen wirklich Spaß macht? „Jahrelang habe ich die Kinder gefördert, jetzt muss ich mich selbst fördern", erkannte Sonja (39) und kümmert sich seither aktiv um ihre Fortbildung.

Projekt Hausaufgaben

Sobald Ihre Kinder eingeschult worden sind, kommt zur privaten Förderung die schulische Förderung hinzu. Das bedeutet aber nicht, dass Sie jeden Tag neben dem Kind sitzen und mit ihm die Hausaufgaben machen müssen. Gewöhnen Sie es rechtzeitig daran, dass es die Hausaufgaben allein erledigt. Anschließend kontrollieren Sie, ob alles gemacht wurde, und gehen offene Fragen durch.

Bei älteren Kindern können Sie vielleicht helfen, indem Sie Vokabeln abfragen oder Tipps geben, wie man am besten für das Bio-Referat recherchiert. Hilfestellungen darüber hinaus sind wenig empfehlenswert, vor allem wenn es Probleme in der Schule gibt. Als Mutter sind Sie nämlich nicht automatisch die Nachhilfelehrerein Ihres Kindes. Selbst wenn Sie willens sind, sich wieder in Differenzialrechnung und französische Grammatik einzuarbeiten, kann das aus psychologischen Gründen kaum gut gehen: Früher oder später gibt es garantiert Krach. Mit Vorwürfen wie „Du erklärst mir das ganz falsch …“ oder „Du hast ja keine Ahnung …“ sollten Sie sich nicht herumplagen müssen. Nachhilfe ist ein klassisches Gebiet fürs Outsourcing. Wozu gibt es Nachhilfeinstitute und Nachhilfelehrer? Hilfe von außen kostet natürlich Geld, aber dieses Geld ist gut angelegt, denn es schont Ihre Nerven und Sie können währenddessen Geld verdienen.

Qualität statt Quantität

Wer sich rar macht, erntet mehr Beifall. Haben Sie sich auch schon darüber geärgert, dass Sie sich jeden Tag Gedanken über den Speiseplan machen und versuchen, mit einem überschaubaren Budget ein leckeres und gesundes Essen auf den Tisch zu stellen, und nie dafür gelobt werden? Männer dagegen kochen meist nur dann, wenn Freunde kommen: Dann aber schwingen sie den Kochlöffel wie Paul Bocuse und lassen sich bejubeln. Oder Sie organisieren das Wochenprogramm der Kinder, karren sie zu Aktivitäten, zu Freunden und zur Schule – ohne Dank dafür zu ernten. Wenn Papa dagegen den Wochenendausflug ins Legoland plant, fallen ihm die Kids jubelnd um den Hals. Ungerecht ist die Welt? Als berufstätige Mutter werden Sie nicht nur die Stunden mit Ihren Kindern intensiver genießen, Sie haben auch beste Chancen, endlich mal Starkult bei den Kids zu genießen.

2.4 Work-Life-Balance – damit Ihnen die Puste nicht ausgeht ...

Jede berufstätige Mutter – egal ob sie angestellt oder selbstständig ist – hat lange Tage. Sie muss belastbar sein und belastbar bleiben. Und deshalb ist es ganz wichtig, sich Auszeiten zu gönnen!

Wenn Sie an den Wiedereinstieg denken, so werden Sie zwischendurch sicher Zweifel und Ängste haben. Das ist normal. Und bis sich alles eingespielt hat, werden Sie ins Schnaufen kommen und Ihre Entscheidung für die Berufstätigkeit mehrfach verfluchen. Keine Angst – es spielt sich alles ein. Ganz entscheidend aber ist, dass Sie zwar konsequent Ihre Ziele verfolgen, sich aber nicht zu stark unter Erfolgsdruck setzen. Denn dies führt häufig zu Überlastung bis hin zu dem so genannten Burnout-Syndrom: Permanente Müdigkeit, Erschöpfung und Antriebslosigkeit können bis zum Nervenzusammenbruch führen.

Planen Sie Auszeiten ein. Eine Stunde am Tag sollte Ihnen gehören. Zusätzlich müssen Sie sich einen festen Termin in der Woche erkämpfen für etwas, was Ihnen Kraft gibt: Sport oder Sauna, ein Besuch bei einer Kosmetikerin, ein Klönnachmittag mit der Freundin, ein Einkaufsbummel, ein Ausstellungsbesuch oder ein Abend im Kino oder auf der Couch mit einem wunderbaren Schmöker.

Tanja (44) hat sich ihre Freiräume erkämpft: „Ich brauche eine Stunde am Tag für mich – für ausführliche Körperpflege und fürs Lesen – die Zeit nehme ich mir.“ Lisa (36) weiß, was sie braucht, wenn es mal hoch hergeht: „Wenn alles über mir zusammenbricht, gönne ich mir was für die Seele – eine Massage oder eine Kosmetikbehandlung.“

Irgendwann hat sich alles eingespielt. Und wenn Sie im Vorfeld Organisationsarbeit und Überzeugungsarbeit geleistet haben, kann eigentlich nicht so viel schief gehen. Denken Sie daran: Sie wollen nicht wieder in den Beruf einsteigen, um noch mehr Stress zu haben. Sie wollen vielmehr Ihre Interessen, die über Haushalt und Familie hinausgehen, leben. Sie wollen eigenes Geld verdienen und neue Kontakte knüpfen. Kurz: Sie wollen Freude und Erfolg im Berufsleben und im Familienleben genießen. Deshalb müssen Sie gut für sich sorgen und aufpassen, dass Sie sich nicht überfordern.

Den Partner nicht vergessen

Wenn aus Mann und Frau Eltern werden, wird vieles anders. Die gemeinsamen Erlebnisse werden weniger, weil die Kinder betreut werden müssen. Wenn Sie wieder ins Berufsleben einsteigen, wird die Zeit noch knapper. Vernachlässigen Sie dennoch nicht die Beziehung, nehmen Sie sich einen guten Babysitter und gönnen Sie sich gemeinsame Auszeiten und Erlebnisse jenseits des Alltagsstresses.

„Wir müssen beide auf unsere einzelnen, aber auch auf unsere gemeinsamen Auszeiten als Paar achten", hat Bettina erkannt. „Am Anfang haben wir da keine Grenzen gesetzt und sind etwas untergegangen. Es hat eine Weile gedauert, bis sich das eingespielt hat."

Lothar J. Seiwert / Doro Kammerer
Endlich Zeit für mich!
Wie Frauen mit Zeitmanagement Arbeit und Privatleben unter einen Hut bringen
mvg 1998

Checklisten zu Themen wie Prioritätensetzung und Selbstdisziplin, aufgelockert durch Cartoons, helfen den Alltag zu bewältigen und wertvolle Zeit für sich selbst zu finden.

Hannelore Fritz
Besser leben mit Work-Life-Balance.
Wie Sie Karriere, Freizeit und Familie in Einklang bringen
Eichborn Verlag 2003

Für alle, denen die Harmonie zwischen den Lebensbereichen verloren gegangen ist.

www.zeitzuleben.de

Online-Ratgeber zu Erfolg, Zufriedenheit und Lebensqualität

3. Jetzt bin ich dran! Die Orientierungsphase

Meine wichtigste Entscheidung in diesem Jahr: Ich verbringe meine Abende nicht mehr auf Elternbeiratssitzungen, sondern auf Businesstreffs.

(Sonja)

Bedeutet die Entscheidung für eine längere Familienzeit automatisch das Ende aller Karriereträume oder ist die berufliche Verschnaufpause eine einmalige Chance, im zweiten Anlauf den Traumjob zu finden? So unterschiedlich die Biografien von Familienfrauen sind, so unterschiedlich sind die Antworten auf diese Frage. Je kürzer die Familienpause ausfällt, desto besser sind die Chancen auf ein schnelles Comeback – so viel ist klar. Dass Frauen aber nicht selten auf Umwegen zur beruflichen Selbstverwirklichung finden, zeigen mehrere Porträts in diesem Kapitel. Sie sollen Frauen Mut machen, den Wiedereinstieg beherzt in die Hand zu nehmen.

3.1 Familienzeit – Karriereknick oder zweite Chance?

Christiane (39), promovierte Asienwissenschaftlerin, hatte sich mit Anfang dreißig bewusst gegen die Habilitation und die wissenschaftliche Karriere und für die Gründung einer Familie entschieden. Die Entscheidung war ihr nicht schwer gefallen, die ersten Jahre mit den beiden Töchtern hatte sie in vollen Zügen genossen. Aber als ihr ein Aupair-Mädchen wieder etwas mehr Freiheit schenkte, wollte sie wieder ins Berufsleben einsteigen, um den Anschluss nicht ganz zu verpassen. „Der Weg zurück an die Uni war versperrt", erzählt sie, „ich hatte mich zwar geistig fit gehalten mit Computerkursen, war mir aber nicht sicher, was ich machen konnte und was ich machen wollte."

„Neuer Start mit 35", ein Orientierungskurs für Berufsrückkehrerinnen in München, kam genau zur richtigen Zeit. Drei Monate lang, an vier Vormittagen in der Woche, traf sich Christiane mit zwanzig weiteren Müttern – und konnte so ganz nebenbei ausprobieren, ob die Kinderbetreuung funktionierte. EDV-Training gehörte genauso zum Programm wie Präsentationstraining, Bewerbungstraining,

Vorträge über Altersversorgung und Zeitmanagement sowie ein dreimonatiges Praktikum. „Ich habe ganz viel mitgenommen", schwärmt Christiane, „Ideen, Anreize, viele Kontakte. Wenn ich auch noch nicht genau wusste, was ich wollte, so wusste ich genau, was ich nicht wollte: lange Fahrzeiten für einen Teilzeitjob." Heute arbeitet Christiane als freie Lektorin für einen wissenschaftlichen Verlag und betreibt mit einer Kollegin zusammen erfolgreich eine Aupair-Agentur.

Christianes Werdegang ist nicht ungewöhnlich für Familienfrauen. Während Männer nach dem Einstieg in den Job an ihren Karrieren basteln, bedeutet die Geburt eines Kindes für die meisten Frauen eine Auszeit. Zwar gehen viele Frauen nach der Familienzeit zurück in den alten Job, aber wenn weitere Kinder hinzukommen, verlängert sich die Jobpause. Eine problemlose Rückkehr wird immer unwahrscheinlicher, je länger die Auszeit war. Viele Frauen können nicht zurück in ihren alten Job, weil die Arbeitszeiten im alten Unternehmen nicht mit den Betreuungszeiten der Kinder zu vereinbaren sind. Wenn der Wiedereinstieg aktuell wird, sind Frauen deshalb oft genug gezwungen, ganz neu anzusetzen.

„Natürlich bedeutet die Elternzeit einen Karriererückschritt! Unser gesellschaftliches System ist darauf ausgelegt, dauerhaft, kontinuierlich und möglichst effizient – das heißt ohne Familie am Bein – am beruflichen Leben teilzunehmen. Der Blick in meinen Freundeskreis zeigt, dass nur die Frauen, die ohne Unterbrechung nach der Geburt der Kinder weitergearbeitet haben, heute noch einen Job haben." Soweit Anjas Erfahrungen.

Aber so schmerzhaft Umbrüche sind, sie bergen auch Chancen. Gerade weil Familienfrauen Kurven nehmen müssen, haben sie vielfach – anders als die Männer, die als Hauptemährer den einmal eingeschlagenen Weg verfolgen müssen – die Chance, sich neu zu orientieren. Und im zweiten Anlauf ist die Berufswahl oft erfolgreicher als beim ersten Mal.

Isabelle (45) ist ganz sicher: „Für mich war die Familienzeit sicher kein Karriererückschritt – im Gegenteil. Ohne meine Erfahrung als Mutter hätte ich nicht die Lebenserfahrung, die Selbstsicherheit und das Organisationstalent, nicht die Konsequenz und Ausdauer, ja Leidensfähigkeit, die mich im Beruf erfolgreich machen."

Franziska (47) hatte fast zwanzig Jahre lang kein Büro von innen gesehen, als sie mit knapp 45 Jahren nach langer Familienzeit ihren Traumberuf fand. „Als mein ältester Sohn für ein Jahr nach Amerika ging, kommunizierten wir über E-Mail. Ich war total fasziniert vom Internet, hing in jeder freien Minute im Netz, bastelte meine eigene Website. Jetzt wusste ich – Webdesignerin ist mein Traumberuf!"

Manchmal wächst auch der Mut, ins kalte Wasser zu springen und die Selbstständigkeit zu wagen. „Ohne diese Auszeit hätte ich mich wahrscheinlich nie getraut, selbstständig zu werden – und dieser Wunsch hätte ewig unerfüllt geschlummert. Erst der Abstand vom bisherigen, karriereorientierten Berufsweg hat mir die Augen für viele neue Themen und Einsichten geöffnet“, freut sich Bettina (37), die sich als Beraterin und Coach selbstständig gemacht hat.

Aller Neuanfang ist schwer

Wer sich einige Jahre ausschließlich um die Familie gekümmert hat, stellt schnell fest, dass die Zeit nicht stehen geblieben ist. Die Anforderungen der Betriebe sind gestiegen. Das eigene Selbstbewusstsein in Sachen Job ist währenddessen oft in den Keller gerutscht und braucht dringend ein paar Streicheleinheiten. Dazu kommt, dass die Zeiten härter geworden sind, keine Frage. Jobs, die einst als bombensicher galten, fallen heute Sparmaßnahmen zum Opfer. Frauen, die nach Ende der Elternzeit nicht in den alten Job zurückgehen, müssen schnell reagieren, um ihren Anspruch auf Arbeitslosengeld nicht zu verlieren.

Wenn die Arbeitsmarktlage insgesamt wenig erfreulich ist, hat niemand auf Frauen gewartet, die eine mehrjährige Berufspause eingelegt haben. Das ist traurige Realität. Auf der anderen Seite hat eine Untersuchung des Büros für Berufsrückkehrerinnen in München gezeigt, dass die Wiedereingliederungsquote von Familienfrauen sehr hoch ist. Es gibt also keinen Grund, den Kopf in den Sand zu stecken. Wer motiviert ist und bereit, Zeit in die Fortbildung zu investieren, hat beste Chancen, den Weg zurück in den Job zu finden.

Tanja (44) hatte wenig Hoffnung, als sie ihren Wiedereinsteig plante. Die gelernte Einzelhandelskauffrau hatte als Kassenaufsicht gearbeitet. Teilzeitstellen gab es in dieser Position nicht, dafür miserable Arbeitszeiten. Elf Jahre blieb sie zu Hause. Dann erzählte ihr eine Bekannte, dass Sterilisationsassistentinnen im Krankenhaus gesucht würden. Sie bekam eine Chance und eine kostenlose Ausbildung. Zwei Wochen wurde sie angelernt, dann begann sie, für die theoretische und praktische Prüfung zu büffeln. Das Lernen fiel ihr nicht leicht nach so langer Pause, aber sie bestand die Prüfung mit Auszeichnung. Ein großer Erfolg und eine Powerladung fürs Selbstbewusstsein. Aus der Schwangerschaftsvertretung wurde eine Festanstellung. Und Tanja ist zufrieden.

Eine Fortbildung, die Berufskenntnisse auf den neuesten Stand bringt oder neue Kenntnisse vermittelt, erhöht die Chancen erheblich. Was viele Frauen nicht wissen: Die Bundesagentur für Arbeit stuft Berufsrückkehrerinnen als förderwürdige

Gruppe ein. Wenn gewisse Voraussetzungen erfüllt sind, kann die Fortbildung, in manchen Fällen sogar ein Unterhaltsgeld gezahlt werden. Ist der erlernte Beruf auf dem Arbeitsmarkt nicht mehr gefragt, so können unter Umständen auch die Kosten für eine Neuorientierung übernommen werden.

Dietlind (45) fand die richtige Weiterbildung zur richtigen Zeit: „Sechs Jahre Kindererziehung taugen zwar dafür, wichtige Kompetenzen wie Beharrlichkeit und Organisationstalent zu trainieren, hinterlassen ansonsten aber große berufliche Wissenslücken. Wichtig für mich war, den Anschluss an die neuen Technologien zu finden. Dafür war ich bereit, noch einmal etwas ganz Neues zu lernen. Die Möglichkeiten des Internets begeisterten mich und ich entschloss mich, mit 42 Jahren eine Weiterbildung zur Multimedia-Fachkraft zu beginnen."

Informieren Sie sich über Möglichkeiten und forschen Sie nach Ihren Wünschen. Welche Art der Förderung für Sie in Frage kommt – der EDV-Kurs zur Auffrischung oder die Komplett-Umschulung –, hängt von der Länge der Familienpause und Ihren persönlichen Voraussetzungen ab. Weil sich die Fördertöpfe immer schnell leeren, gilt auf jeden Fall: Wer sich schnell schlau macht, kommt auch schneller zum Zug.

Handlungsstrategien, die Sie weiterbringen

1. Über die Förderungsmöglichkeiten für Berufsrückkehrerinnen informieren
2. Einen Termin mit der an Ihrem Wohnort zuständigen Beauftragten für Chancengleichheit ausmachen oder eine Orientierungsveranstaltung besuchen
3. Klarheit über Wünsche und Ziele gewinnen (Stärkenanalyse, Recherche zu Fortbildungsmöglichkeiten in Literatur und Internet)
4. Evtl. einen Orientierungskurs für Berufsrückkehrerinnen besuchen
5. Einen Beratungstermin bei der Bundesagentur für Arbeit ausmachen – Pläne konkretisieren
6. Persönliche Ziele setzen

3.2 Förderung für Berufsrückkehrerinnen

Wie wir gehört haben, gehören Berufsrückkehrerinnen zum Kreis der Menschen, die nach den Kriterien der Bundesagentur für Arbeit förderungswürdig sind. Doch wer gehört genau zu dieser Gruppe?

Wer ist Berufsrückkehrerin?

Die Kriterien hat die Bundesagentur folgendermaßen festgelegt:

BerufsrückkehrerInnen sind Frauen und Männer, die

1. ihre Erwerbstätigkeit oder Arbeitslosigkeit oder eine betriebliche Berufsausbildung wegen der Betreuung und Erziehung von aufsichtsbedürftigen Kindern oder der Betreuung pflegebedürftiger Angehöriger für mehr als ein Jahr unterbrochen haben

und

2. in angemessener Zeit danach (spätestens 1 Jahr nach Ende der Betreuungs- bzw. Erziehungszeit) in die Erwerbstätigkeit zurückkehren wollen.

Als Erwerbstätigkeit bzw. berufliche Tätigkeit gelten:

- sozialversicherungspflichtige Beschäftigung
- selbstständige Tätigkeit
- betriebliche Ausbildung
- Arbeitslosigkeit
- Zeiten als Beamtin/Beamter oder Beamtin/Beamter auf Widerruf
- Zeiten als mithelfende Familienangehörige im Sinne von § 118 Absatz 3 des 3. Sozialgesetzbuches (SGB III)
- außerbetriebliche Ausbildung mit sozialversicherungspflichtiger Ausbildungsvergütung bzw. mit im Nachhinein anerkannter Sozialversicherungspflicht

Als aufsichtsbedürftiges Kind oder pflegebedürftiger Angehöriger zählen:

- Kinder bis zur Vollendung des 15. Lebensjahres;
- pflegebedürftige Angehörige unabhängig von der Pflegestufe. Pflegebedürftige Angehörige können auch außerhalb des eigenen Haushalts betreut werden.

Berufsrückkehrerin und Berufsrückkehrer ist auch, wer

- während der Berufsunterbrechung ohne Beeinträchtigung der Betreuung eine geringfügige Beschäftigung (Minijob unter 15 Stunden/ Woche) ausgeübt hat

- eine kurzzeitige Maßnahme besucht hat
- sich vor der Arbeitslosmeldung nur arbeitssuchend gemeldet hat

Der Status „BerufsrückkehrerIn" bleibt auch erhalten bei

- Zeiten einer aktiven Arbeitsförderung, auch durch Beschäftigungen nach § 19 des Bundessozialhilfegesetzes (BSHG)
- Zeiten einer Krankheit oder eines Beschäftigungsverbots nach dem Mutterschutzgesetz (MuSchG)
- Zeiten, in denen eine Beschäftigung rechtlich nicht möglich war
- kurzen Unterbrechungen der Arbeitslosigkeit ohne Nachweis

Der Status der Berufsrückkehrerin besteht nicht mehr nach einer einjährigen sozialversicherungspflichtigen Beschäftigung oder selbstständigen Tätigkeit.

(Quelle: Bundesagentur für Arbeit)

Voraussetzungen für Förderung (Wer, Was, Wie)

Die Geldtöpfe versiegen. Komplettumschulungen, die mehrere Jahre dauerten und ein Vermögen verschlangen, gibt es heutzutage kaum noch. Der Trend geht zu kürzeren Maßnahmen – und auch hier fließen die Fördergelder deutlich langsamer als noch vor einigen Jahren. Förderung in Form von Beratung gehört nach wie vor zu den festen Leistungen der Bundesagentur. Das gilt auch für Berufsrückkehrerinnen, die keinen Anspruch auf Arbeitslosengeld haben. Schlechter sieht es aus, wenn es um die Finanzierung von Fortbildungen geht. Jedem Berater steht ein gewisses Budget für Weiterbildungen zur Verfügung: Er vergibt Bildungsgutscheine, die Bildungsziel und Zeitraum ausweisen und bei Bildungsträgern eingelöst werden können. Weil das Budget aber begrenzt ist, muss er sorgsam abwägen, wo die Not am größten ist und welche Fortbildung besonders dringend benötigt wird. „Und wenn da ein Mann sitzt, der eine Familie zu ernähren hat, und eine Berufsrückkehrerin, die keinerlei finanzielle Verantwortung gegenüber der Familie hat, dann fällt die Wahl auf den Mann. Das ist bedauerlich für die Frau, aber sicherlich verständlich", erläutert Angelika Pabst, die als Beauftragte für Chancengleichheit im Münchner Büro für Berufsrückkehrerinnen tätig ist. Dennoch gibt es Förderungsmöglichkeiten und Mütter sollten nicht vorzeitig den Kopf in den Sand stecken.

Generelle Voraussetzungen für Förderung

- Die Auflage, wonach Antragsteller auf Fördermaßnahmen während der letzten drei Jahre vor der Maßnahme zwölf Monate versicherungspflichtig beschäftigt gewesen sein müssen, kann für Berufsrückkehrerinnen modifiziert werden. Hier kann die Versicherungspflicht auch länger zurückliegen. Unter bestimmten Voraussetzungen können auch Frauen gefördert werden, die noch nicht drei Jahre berufstätig waren.

  Wichtig: Auch Frauen, die vor der Familienzeit nicht mindestens zwölf Monate versicherungspflichtig beschäftigt waren, sind förderungswürdig. Ob ihnen auch Fortbildungen finanziert werden, hängt vom Ermessen des Beraters ab. Unterhaltsgeld wird nicht gezahlt.
- Vor der Teilnahme muss eine Beratung durch das Arbeitsamt über das Bildungsangebot, den Arbeitsmarkt und Förderungsmöglichkeiten erfolgen.
- Die Bewerberin muss für die Maßnahme geeignet sein und die Fortbildung sollte ihr realistische Chancen eröffnen, in angemessener Zeit eine Beschäftigung zu finden.

Welche Fortbildungen werden durch die Bundesagentur für Arbeit gefördert?

Fördermaßnahmen, also Fortbildungen, müssen eines der folgenden **Ziele** verfolgen:

- Erhaltung, Erweiterung oder Anpassung bereits vorhandener Kenntnisse. Es geht darum, dass veraltetes Fachwissen auf den neuesten Stand gebracht wird, um die Chancen auf einen adäquaten Arbeitsplatz zu erhöhen.
- Vermittlung eines bislang fehlenden Abschlusses. Hierzu gehört das Erlernen eines Berufs mit einer in der Regel erwachsenengerecht verkürzten Ausbildungszeit.
- Befähigung zu einer anderen Tätigkeit. Wenn der erlernte Beruf vom Markt verschwunden ist, ist es sinnvoll, ganz neu anzusetzen und eine Ausbildung in einem Beruf zu fördern, der auf dem Arbeitsmarkt gefragt ist.

Welche Maßnahmen können das sein?

- **Gruppenschulungen.** Im Kreis anderer Arbeitsuchender werden berufliche Kenntnisse vermittelt, die das vorhandene Wissen auf den neuesten Stand bringen oder auf ein neues Tätigkeitsfeld vorbereiten.

- **Betriebliche Einzelschulungen.** Als Auszubildende wird die Berufsrückkehrerin wie eine Schulabgängerin direkt im Betrieb auf ihren neuen Beruf vorbereitet und besucht in Ergänzung die Berufsschule.
- **Fernlernmaßnahmen.** Von zu Hause aus werden Lektionen eines Fernlernkurses im eigenen Tempo durchgearbeitet.

Alle Maßnahmen werden mit einer schriftlichen, mündlichen und/oder praktischen Prüfung abgeschlossen.

Welche Kosten können übernommen werden?

Um den Lebensunterhalt während einer beruflichen Bildungsmaßnahme mit ganztägigem Unterricht sicherzustellen, kann das Arbeitsamt ein Unterhaltsgeld zahlen, wenn die Frau Anspruch auf Arbeitslosengeld hat. Ist eine ganztägige Maßnahme nicht zumutbar, zum Beispiel wegen fehlender Kinderbetreuung, kann auch ein Teilunterhaltsgeld geleistet werden. Bei Weiterbildungen können neben den Kosten für den Lehrgang auch Fahrtkosten sowie ein angemessener Betrag für die Betreuung aufsichtsbedürftiger Kinder übernommen werden. Alle diese Leistungen sind Kann-Leistungen und abhängig davon, ob Mittel zur Verfügung stehen.

3.3 Gedanken sortieren, Pläne schmieden und Strategien verfolgen

Sie wissen noch nicht, wohin Sie wollen und wie Sie Ihr Ziel erreichen? Suchen Sie kompetente Beratung und informieren Sie sich über Fortbildungsmöglichkeiten. Die Auswahl ist groß und garantiert ist für Sie das Richtige dabei.

Erste Adresse für Berufsrückkehrerinnen: Die Beauftragte für Chancengleichheit

Der erste Weg führt zu Ihrer **Beauftragten für Chancengleichheit am Arbeitsmarkt** (BCA). Sie repräsentiert die Agentur für Arbeit in Sachen Frauenförderung. Sie kümmert sich um die Gleichstellung von Frauen und Männern am Arbeitsmarkt sowie die Vereinbarkeit von Familie und Beruf und ist auch die Anlaufstelle für Berufsrückkehrerinnen. Viele Arbeitsämter laden darüber hinaus zu einem „Jour fixe“ ein, wo Fragen von allgemeinem Interesse beantwortet werden: Wer hat Anspruch auf Förderung? Welche Fortbildungsmöglichkeiten gibt es? Wie gehe ich weiter vor? Auch Vortragsveranstaltungen zu speziellen Themen werden hier angeboten, zum Beispiel „Neuer Start für Frauen“, „Richtig bewerben, richtig vorstellen“ oder „Wie finde ich eine neue Stelle?“. Die Gleichstellungsbeauftragte Ihrer Stadt oder Gemeinde erreichen Sie über die entsprechenden Landesministerien. Kontaktdaten finden Sie im Anhang ab Seite 198.

Um einen Termin bei der Arbeitsberaterin werden sich im zweiten Schritt Frauen bemühen, die schon konkrete Ideen für den Wiedereinstieg haben. Frauen, die längere Zeit Familienarbeit geleistet haben, finden in **Orientierungskursen** Motivation und Bestätigung. Im Kreis von gleichgesinnten Frauen können sie die eigenen Fähigkeiten, Stärken und Schwächen (wieder)entdecken. Neben der Arbeitsagentur bieten auch Volkshochschulen, Selbsthilfegruppen, Gewerkschaften, Handwerkskammern, Industrie- und Handelskammern, Vereine oder kirchliche Organisationen ähnliche Kurse an. Sie sind nicht immer kostenlos, aber in der Regel sehr preisgünstig. Ab 2005 werden von der Arbeitsagentur auch einzelne Module angeboten, denn die Spannbreite unter den Berufsrückkehrerinnen ist groß. Die IT-Spezialistin braucht vermutlich keine Nachhilfe in EDV und die Versicherungskauffrau keine Informationen zur Altersabsicherung.

Der Verein für Fraueninteressen in München (www.fraueninteressen.de), ein Ortsverband des Deutschen Frauenringes, leitet seit vielen Jahren die Kursreihe „Neuer Start ab 35“. „Es ist wunderbar, was mit den Frauen in wenigen Kurswochen passiert“, schwärmt eine der Dozentinnen, „sie schauen anders aus, sie stehen anders da, sie entwickeln Mut und Neugier, um etwas Neues zu wagen.“

Frauenberatungsstellen sind in Deutschland leider viel zu dünn gesät, schnitten aber bei einem Test der Stiftung Warentest zur Beratungsqualität im Weiterbildungsbereich am besten ab. Ihr Beratungsangebot ist speziell auf die Klientel ausgerichtet. Allerdings geben sie ausschließlich Orientierungshilfe, keine konkrete Berufsberatung. Wenn es eine Frauenberatungsstelle in Ihrer Region gibt, fahren Sie am besten zweigleisig und machen einen Termin in der Frauenberatungsstelle und einen in der Arbeitsagentur aus.

Hier eine kleine Auswahl von Organisationen, die Orientierungskurse für Berufsrückkehrerinnen anbieten. Nachfragen lohnt auch immer bei Volkshochschulen und karitativen Verbänden.

Veranstalter von Orientierungskursen

Bayern
Verein für Fraueninteressen
Tel.: 089 / 290 44 63
www.fraueninteressen.de
Ortsring des Deutschen Frauenrings in München

Hamburg
Bildung und Beratung für Frauen in Hamburg
Tel.: 040 / 45 02 09 - 0
www.frau-und-arbeit.de
Das Bildungsinstitut der beruflichen Weiterbildung für Frauen

Nordrhein-Westfalen
Regionalstellen Frau & Beruf
www.frau-und-beruf-nrw.de
Beratung rund um Wiedereinstieg und Existenzgründung

Profil der Stärken und Interessen

Wenn Sie nicht in eine 08/15-Maßnahme gesteckt werden möchten, sollten Sie schon vor dem Gespräch mit der Berufsberaterin wissen, was Sie wollen. Wenn Sie noch keine Idee haben, wohin die Reise gehen könnte, ist es sinnvoll, ein Profil der Interessen und Stärken anzulegen. Sie brauchen dazu Zeit und Ruhe:

Werden Sie sich klar über Ihre Kenntnisse und Fähigkeiten!

Welche Ausbildungs- und Berufserfahrungen haben Sie ?

____

____

____

Welche besonderen Kenntnisse haben Sie?

Welche besonderen Fähigkeiten haben Sie?

Beschreiben Sie aus Ihren beruflichen Tätigkeiten (auch Studium oder Praktika) die Inhalte, Projekte, die Ihnen Spaß gemacht und die Sie erfolgreich erledigt haben.

Gibt es dafür auch Beispiele aus dem privaten Bereich (Familie, Hobby, Ehrenamt)?

Welches Wissen, welche Kenntnisse, Erfahrungen, Fähigkeiten und Fertigkeiten haben Sie eingesetzt, um diese Ergebnisse zu erzielen?

Wenn Sie Ihren Partner und Freunde fragen würden, was sie an Ihnen besonders schätzen, was würden sie wohl antworten?

Wenn Sie diese Frage Ihrem ehemaligen Chef, ehemaligen Kollegen oder Auftraggebern stellen würden, was würden diese antworten?

Was sind Ihre Leidenschaften und Wunschträume?

Was bedeutet für Sie beruflicher Erfolg (viel Geld; eine Führungsposition; eine Tätigkeit, die Spaß macht; positive Rückmeldungen von Kunden; eine nicht fremdbestimmte Tätigkeit etc.)?

Welche Arbeitsbedingungen müssen erfüllt sein (selbstständige Tätigkeit, Teamarbeit, viel Kundenkontakt)?

Was begeistert Sie? (Sie können alles von Akrobatik bis Zoologie aufführen.)

Gibt es eine berufstätige Frau, die ein Vorbild für Sie ist?

Träumen Sie ein bisschen: Was würden Sie tun, wenn Sie familiär ungebunden und finanziell unabhängig wären?

Nun wissen Sie sicher ein bisschen mehr über Ihre Stärken, Interessen und Wünsche. Jetzt können Sie mit Ihrer Recherche nach Fortbildungsmöglichkeiten, Berufsbildern und Geschäftsideen beginnen.

Pfade im Fortbildungsdschungel

Es ist nicht einfach, sich im Fortbildungsdschungel zurechtzufinden. Das Angebot an Kursen ist riesig. Schlagen Sie erst einmal Pfade ins Dickicht, um nicht völlig die Orientierung zu verlieren.

Die Bundesagentur für Arbeit bietet in ihrer Datenbank „KURS" (http://infobub.arbeitsagentur.de/kurs/index.jsp) Informationen zu beruflichen Bildungsmöglichkeiten. Wenn die Förderungsvoraussetzungen gegeben sind, können Arbeitsberater und -vermittler in den örtlichen Agenturen für Arbeit die dafür vorgesehenen Bildungsgutscheine aushändigen.

Besser ist es, sich nicht auf eine einzige Quelle zu verlassen. Zur Recherche von Weiterbildungsangeboten und Fördermöglichkeiten eignet sich auch die vom Bundesministerium für Bildung und Forschung (BMBF) geförderte Metasuchmaschine Infoweb Weiterbildung (www.iwwb.de/metasuche), die gleichzeitig verschiedene Datenbanken durchsucht. Versuchen Sie weiterhin die Seite www.liquide.de, die vom Institut der deutschen Wirtschaft Köln betrieben wird und Informationen zu Bildungsanbietern in ganz Deutschland bietet.

Eine gute Alternative zur Internetrecherche ist der Besuch einer regionalen Bildungsmesse. Dort kann man sich nicht nur einen Überblick verschaffen, sondern im Beratungsgespräch bereits einen Eindruck von unterschiedlichen Fortbildungseinrichtungen gewinnen.

Alternative: Fernunterricht

Auch die Teilnahme am Fernunterricht und an Selbstlernmaßnahmen kann über das Arbeitsamt gefördert werden. Die staatliche Zentralstelle für Fernunterricht (www.zfu.de) und das Bundesinstitut für Berufsbildung geben gemeinsam einen Katalog der Fernlehrangebote heraus. Gegen eine Schutzgebühr ist er über die Pressestelle des Bundesinstituts für Berufsbildung zu beziehen (Hermann-Ehlers-Ring 10, 53113 Bonn, Tel. 02 28 / 107 - 0).

Fernunterricht ist eine gute Alternative, wenn Ihre Kinderbetreuung noch nicht niet- und nagelfest ist. Der entscheidende Vorteil ist die freie Zeiteinteilung. Bedenken Sie aber, dass Ihnen ein wichtiges Element der Ausbildung entgeht: der Kontakt mit anderen Frauen. Dieser kann aber gerade in einer Phase der Neuorientierung sehr wertvoll sein. Mehr Spaß macht das Lernen in der Gruppe allemal. Außerdem sollten Sie sich im Vorfeld fragen, ob Sie sich selbst ausreichend motivieren können. Fernunterricht erfordert viel Disziplin.

Die moderne Variante des Fernunterrichts ist das E-Learning – so heißt die Aus- und Weiterbildung über das Internet und Lernprogramme. Die Vermittlung von Unterrichtsinhalten erfolgt über Internet oder E-Mail. Das hat gegenüber konventionellen Formen des Fernunterrichts eindeutige Vorteile: Der Lernstoff wird angereichert durch multimediale Elemente. Außerdem ist die Kommunikation mit dem Lehrer per Mail oder Chat spontaner möglich.

Wenn Sie sich für Fernunterricht entscheiden, sollten Sie die Angebote der Anbieter zuvor kritisch prüfen. Stellen Sie Fragen:

- Gibt es Probelehrbriefe oder Schnupperkurse?
- Werden Hausaufgaben zügig und gründlich korrigiert?
- Gibt es eine Hotline für dringende Fragen?
- Sind Treffen von Teilnehmern und Lehrern vorgesehen?
- Ist eine Kündigung während des Kurses möglich?
- Gibt es ein Widerrufsrecht?
- Wie sind die Kündigungsfristen?

Alternative: Betriebliche Einzelumschulung

Statt Gruppenumschulungen setzt die Bundesagentur für Arbeit mehr und mehr auf die betriebliche Einzelumschulung, das ist eine verkürzte Ausbildung direkt im Betrieb. Die Frauen suchen sich selbst den Ausbildungsplatz und steigen in der Regel im 2. Lehrjahr ein. Den theoretischen Teil absolvieren sie an der Berufsschule.

Für die betriebliche Einzelumschulung spricht die praxisnahe Ausbildung, die beste Vermittlungschancen nach der Ausbildung bietet. Im Idealfall wird die Umschülerin gleich übernommen. Aber natürlich gibt es bei dieser Fortbildungsart auch Nachteile: Es fehlt der Gruppenzusammenhalt, die gegenseitige Unterstützung und Motivierung. Außerdem fühlt sich die Umschülerin unter Schulabgängerinnen oft fehl am Platz.

Sonderprogramme für junge Wissenschaftlerinnen

Für Frauen, die sich nach einer Unterbrechung ihrer wissenschaftlichen Tätigkeit in ein neues Forschungsprojekt einarbeiten wollen, gibt es ein Hochschulsonderprogramm von Bund und Ländern. Vorgesehen sind Wiedereinstiegsstipendien, die unter Umständen mit Kinderbetreuungszuschlägen kombiniert werden. Anträge können bei den Hochschulen gestellt werden.

Literaturtipps zum Thema Fortbildung und Berufsfindung

Christine Öttl / Gitte Härter
Zweite Chance Traumjob
Mehr Erfolg durch berufliche Neuorientierung
Redline Wirtschaft 2002

Wie sieht mein Traumjob aus und wie finde ich ihn?

Uta Glaubitz
Der Job, der zu mir passt
Das eigene Berufsziel entdecken und erreichen
Campus Verlag 2003

Wer auf der Suche nach einem Beruf ist, der mehr als bloßer Broterwerb sein soll, ist mit dem Buch von Uta Glaubitz gut beraten. Schritt für Schritt gibt sie Hilfestellungen bei der Suche nach Wünschen und Fähigkeiten.

Wer schon konkretere Ideen hat, ist mit den zielgruppengenaueren Büchern der Autorin gut beraten: Im Campus-Verlag sind nämlich auch folgende Bücher zur Berufsfindung für Fortgeschrittene erschienen:

- **Jobs für Kommunikationstalente und Quasselstrippen**
- **Jobs für Sportfreaks**
- **Jobs für Bücherwürmer und Leseratten**
- **Jobs für Globetrotter und Weltenbummler**
- **Jobs für Filmfreaks**

Klaus Kaden / Gunter Kästner
99 pfiffige Jobideen für Zuhause
Redline Wirtschaft 2002

Wenn Sie eine Tätigkeit suchen, die Sie von zu Hause aus ausüben können, so liefert dieses Buch wertvolle Anregungen.

Renate Ibelgaufts
In Ihnen steckt mehr
Entdecken Sie Ihre Talente und nutzen Sie Ihr ganzes Potenzial
Redline Wirtschaft 2003

Wer bin ich? Was kann ich? Wohin will ich? Anleitung zur Selbstanalyse, zu Zielsetzung und Umsetzung.

Sylvia Englert
Das ist mein Job
So finden Sie Ihr persönliches Jobmodell
Econ Verlag 2003

Bin ich der Typ für die Selbstständigkeit oder für die Festanstellung, für Teilzeit oder Zeitarbeit? Bin ich Teamplayer oder Solist, Spezialist oder Generalist? Arbeite ich lieber im Familienbetrieb oder im Großkonzern?

3.4 Nägel mit Köpfen machen

Nun kennen Sie Ihre Ziele und haben sich über interessante Fortbildungen informiert. Jetzt gilt es, die Machbarkeit zu prüfen und sich Unterstützung zu sichern, damit Sie so bald wie möglich zum Zug kommen.

Das Infogespräch mit der Arbeitsberaterin

Der nächste Schritt ist der Weg zu Ihrer Arbeitsberaterin bei der Bundesagentur für Arbeit. Auf das Gespräch sollten Sie sich sorgfältig vorbereiten. „Sehen Sie das Gespräch mit der Arbeitsberaterin wie ein Bewerbungsgespräch", empfiehlt Angelika Pabst, die Beauftragte für Chancengleichheit der Agentur für Arbeit in München. „Wenn Sie sich um einen Job bewerben, möchten Sie den Personalchef überzeugen, dass Sie die Richtige sind. Wenn Sie zu uns kommen, möchten Sie kompetente Beratung und eventuell finanzielle Unterstützung. Wir müssen ganz genau abwägen, wem wir was finanzieren können, deshalb sollte uns die Berufsrückkehrerin von der Ernsthaftigkeit ihres Anliegens überzeugen", betont sie.

Das haben viele Berufsrückkehrerinnen am eigenen Leib erfahren. „Die Beraterinnen der Arbeitsagentur haben wenig Zeit und beraten Frauen von der Migrantin bis zur Mikrobiologin. Wer sich vor dem Gespräch nicht gut informiert hat, für den springt halt nur ein Word-Kurs heraus", warnt Doris (37). Sie erkämpfte sich einen Kurs im Bereich Electronic Marketing und hat seit einem Jahr einen festen Job. Dass sich Beharrlichkeit auszahlt, kann Franziska (47) bestätigen: „Ohne viel Hoffnung ging ich aufs Arbeitsamt und erkundigte mich nach meinen Möglichkeiten. Die aufmunternde Antwort: ‚Bleiben S' ja Tagesmutter. Sie sind ja versichert, was wollen Sie mehr? In Ihrem Alter (ich war damals fast 45) und so lange aus dem Berufsleben draußen, haben Sie keine Chance auf einen Job.' Beim nächsten Mal geriet ich an eine äußerst nette Beraterin. Sie fragte mich nach meinen Wünschen und ich erzählte von meinen Träumen, als Webdesignerin zu arbeiten. Dann zog sie tatsächlich eine neue Kursausschreibung zum Webmaster aus der Schublade. Ob das etwas für mich wäre, fragte sie. JAAAAAAAAAAAA! Ich wäre ihr fast um den Hals gefallen."

Auch Ina blieb hartnäckig: „Mit zwei Kindern konnte und wollte ich nicht mehr zurück in die Krankenpflege. Die Ausbildung zur Lehrerin für Pflege- und Gesundheitsberufe bekam ich nach intensivem Ringen als Wiedereingliederungsmaßnahme von der Arbeitsagentur."

Außer Durchsetzungskraft und guten Argumenten sollten Sie zum Gespräch mit der Beraterin einen tabellarischen Lebenslauf mitbringen. Wichtige Fragen sollten Sie unbedingt vorher notieren, zum Beispiel:

- Wie kann ich die Kenntnisse im erlernten Beruf auffrischen, um meine Chancen zu erhöhen?
- Welche Zusatzqualifikationen brauche ich, um den Beruf, in dem ich gern arbeiten würde, ausüben zu können?
- Wie sind die Chancen auf dem Arbeitsmarkt in meinem Wunschberuf?
- Wie lange würde die Ausbildung dauern?
- Wird sie vom Arbeitsamt gefördert? Bekomme ich darüber hinaus Unterhaltsgeld?
- Welche Alternativen gibt es?
- Werde ich von der Arbeitsagentur auch in der Bewerbungsphase unterstützt?

Wenn Sie Ihre Beraterin überzeugt haben und Ihnen Unterstützung zugesagt wurde, haben Sie in der Regel die Wahl zwischen mehreren Bildungsträgern. Informieren Sie sich über die Schulungseinrichtungen. Machen Sie einen Beratungstermin aus, denn Sie werden einige Wochen oder gar Monate dort verbringen und wollen sich wohl fühlen. Vielleicht haben Sie die Gelegenheit, mit Absolventen zu sprechen.

Ich nehme meine Fortbildung selbst in die Hand

Wenn Sie in der Agentur für Arbeit leer ausgehen oder an eine ganz spezielle Ausbildung denken, die nicht gefördert wird, so sollten Sie überlegen, was Ihre Qualifikation erhöhen könnte und was finanziell machbar ist.

Sinnvoll sind immer Sprachkurse, die Sie an jeder Volkshochschule (VHS) günstig belegen können. EDV-Kenntnisse werden heute ganz selbstverständlich erwartet. Auch hier lohnt ein Blick ins VHS-Programm. Wer lieber unter Frauen lernt, ist an einer der Frauen-Computer-Schulen gut aufgehoben (www.frauen-computer-schulen.de). Als Neueinsteigerin buchen Sie zu Beginn am besten eine Einführung ins Betriebssystem (Windows, Mac). Dann sollten die wichtigsten Office-Programme (Word, Excel, PowerPoint und Outlook) sowie eine Internetschulung folgen. Dann sehen Sie weiter – wenn Sie ein Händchen für Grafik haben, so steigen Sie vielleicht ins Desktop-Publishing ein (InDesign oder QuarkXPress). Wer sich für Online-Publishing interessiert, sollte HTML-Kenntnisse erwerben.

Zum Ausbildungprogramm gehört unbedingt ein Präsentationskurs. Auch wenn Sie keine Vorträge vor Hunderten von Zuhörern halten werden: Es ist wichtig, sich darstellen zu können – das beginnt beim Vorstellungsgespräch. Ein spezielles Bewerbungstraining ist ebenfalls eine gute Investition.

Wenn Sie an eine aufwändige (und teurere) Ausbildung denken – sprechen Sie mit der Familie. Sie haben sich lange um die Belange der Familie gekümmert, haben Ihre Interessen vernachlässigt, um die Kinder aufzuziehen. Jetzt sind Sie dran! Besprechen Sie mit Ihrem Partner, was Sie mit der Ausbildung, die Ihnen vorschwebt, erreichen können. Überlegen Sie, ob die Finanzierung problemlos machbar ist oder ob die Kosten an anderer Stelle abgezweigt werden müssten. Wäre es eine Möglichkeit, den Jahresurlaub zu streichen oder den Autokauf zugunsten Ihrer Ausbildung zu verschieben? Wenn Sie selbst überzeugt und motiviert sind, sollten Sie auf offene Ohren stoßen.

Sonja (39) wurde noch während des Studiums der Kulturanthropologie Mutter, erkämpfte sich einen Krippenplatz, schrieb die Magisterarbeit im Bereich Interkulturelles Management und meldete sich zum Promotionsstudium an. Gleichzeitig bewarb sie sich. Eine Familienpause war gar nicht eingeplant, dazu hatte sie es als Späteinsteigerin ins Studium viel zu eilig. „Einen Job in der Wirtschaft hätte ich damals bekommen können, aber wie hätte ich als Mutter eines Kleinkinds eine Arbeitswoche mit 50 Stunden hinlegen sollen?“ Zwei Jahre später wurde der Sohn geboren und gleichzeitig meldete sich der Körper. Ein Bandscheibenvorfall warf sie wieder zurück. Die Promotion machte keine Fortschritte: „Tagsüber die Seminare an der Uni, Projektarbeit, dann Kinder und Haushalt. „Abends war ich einfach zu fertig, um noch an meiner Dissertation zu schreiben." Sie schmiss das Studium und disponierte um. Für den Berufseinstieg mit Verspätung brauchte sie eine praktische Ausbildung, die sie neben den Kindern bewältigen konnte. Sie verhandelte mit ihrem Mann und entschied sich für eine dreijährige Ausbildung zur systemischen Beraterin. Ein Schwerpunkt der Ausbildung war das Selbststudium: Nachdem beide Kinder im Kindergarten waren, konnte sie sich die Zeit zum Lernen einteilen. Die Gruppentermine lagen meist an Wochenenden, dann war ihr Mann für die Kinder da. Wenn es ab und zu Abendtermine gab, versuchte er, früher heimzukommen.

„Ich hatte den Kindern gegenüber oft ein schlechtes Gewissen", gibt sie zu, „nicht weil sie fremdbetreut waren, sondern weil ich mit meinen Gedanken oft abwesend war. Sie haben mich manchmal regelrecht gestört. Das habe ich auf der anderen Seite versucht durch intensives Engagement im Elternbeirat zu kompensieren."

Inzwischen hat sich Sonja als Beraterin selbstständig gemacht und ist dabei, sich auf dem Markt zu positionieren. Ein Entschluss war ganz wichtig: Sie will ihre Abende nicht mehr auf Elternbeiratstreffen, sondern auf Businesstreffs verbringen. „Jetzt bin ich dran!"

Übungsplattform Ehrenamt

Es ist wunderbar und sehr wichtig, dass es Menschen gibt, die ehrenamtlich tätig sind. Leider sind es häufig Frauen, die in der Familie und auch in ihrer Freizeit arbeiten, ohne dafür entlohnt zu werden. Die Alternative, durch das Ehrenamt den Wiedereinstieg zu proben, kann ich deshalb nicht uneingeschränkt gutheißen. Aber manchmal ebnet die ehrenamtliche Tätigkeit tatsächlich Wege zurück in den Beruf: Frauen, die lange ausgestiegen sind, können ihre Fähigkeiten und Kenntnisse im Ehrenamt ohne Stress und Leistungsdruck ausprobieren.

„Die Kinder waren in einer Elterninitiative und ich habe zwei Jahre lang die Elternarbeit gemanagt. Das machte Spaß, war sinnvoll und ich habe mich beruflich erproben können", erzählt Sonja, die Beraterin. „Aber irgendwann kann man seine Arbeitskraft und sein Engagement nicht mehr kostenlos anbieten. Deshalb biete ich jetzt Supervision für Elterninitiativen an. Ich möchte mein Ehrenamt endlich professionalisieren."

Anette Hüttmann (46) hat im Ehrenamt viele Fähigkeiten erworben, die ihr heute als Unternehmerin zugute kommen: „Ich habe Messestände gestaltet, Öffentlichkeitsarbeit gemacht, Gruppen betreut. Die Arbeit im Ehrenamt war für mich ganz klar eine Brücke zur bezahlten Arbeit."

Erfahrungen sammeln im Praktikum

Nicht immer ist es einfach, sich für ein Praktikum zu entscheiden, denn die Bezahlung ist miserabel und oft ist die Chefin jünger als die Berufsrückkehrerin. Ein Praktikum bietet jedoch die Chance, unter realen Bedingungen Berufserfahrungen zu machen.

Orientierungskurse für Berufsrückkehrerinnen münden fast immer in einem Praktikum. Frauen, die lange nicht mehr berufstätig waren, sollen wieder Arbeitsluft schnuppern und die Gelegenheit haben, zu zeigen, was sie können. Nicht selten wird aus einer Praktikantenstelle eine feste Stelle. Nutzen Sie die Chance, aber wägen Sie Aufwand und Nutzen sorgsam gegeneinander ab. Und hüten Sie sich davor, ein Praktikum ans andere zu reihen.

Ziele auf dem Weg

Erklären Sie Ihre Berufsrückkehr zu Ihrem Projekt. Planen Sie mindestens eine Stunde am Tag ein, in der Sie dieses Projekt vorantreiben – am besten, wenn die Kinder im Kindergarten oder in der Schule sind. Lassen Sie sich nicht ablenken. Die Bügelwäsche kann auch mal warten!

Nun formulieren Sie Ziele für die nächsten Wochen, die nächsten Monate, das nächste Jahr und wenn Sie Lust haben, auch noch ein paar Lebensziele. Sie müssen nicht voranpreschen wie ein ICE. Manchmal ist es besser, im Bummelzug-Tempo voranzukommen und dafür alles im Griff zu behalten. Hauptsache, das gewählte Tempo entspricht Ihnen. Wählen Sie im Zweifelsfall kleine Schritte, achten Sie auf die Machbarkeit, sonst stellt sich zu schnell Frustration ein.

Warum ist es so wichtig, Ziele zu setzen?

- Ziele sind Wegweiser in Umbruchsituationen
- Ziele erleichtern das Setzen von Prioritäten
- Ziele motivieren dazu, sie auch zu erreichen
- Schriftlich fixierte Ziele erhöhen die Wahrscheinlichkeit, dass sie auch erreicht werden

Formulieren Sie Ihre Zielsetzungen eindeutig und klar, persönlich, positiv und in der Gegenwartsform. Legen Sie fest, wie das Ziel erreicht werden kann. Klären Sie die Rahmenbedingungen, Voraussetzungen, Maßnahmen. Was wird zur Zielerreichung benötigt? Legen Sie fest, bis wann das Ziel erreicht werden soll, und benennen Sie auch die Zwischenschritte und -termine.

Was sind meine Ziele?

Ziele für die ersten 30 Tage

Ziele für die ersten 90 Tage

Ziele für das erste Jahr

Lebensziele

Stellen Sie Ihre Pläne auch anderen Menschen vor – das macht Ihr Projekt verbindlich. Seien Sie nicht weiblich bescheiden und zögerlich. Frauen müssen sich abgewöhnen zu sagen: „Ich möchte gern …“, „Ich würde vielleicht …“ So kommen Sie nicht weiter! Denken Sie männlich. Sagen Sie: Ich will! Ich werde mein Ziel erreichen!

3.5 Ich will meine Träume nicht nur träumen, ich will sie auch erleben …

Männer gehen geradeaus, machen steile Karrieren, Frauen nehmen Kurven. Dafür haben sie nach der Familienzeit auch die Chance auf einen Neubeginn.

Gönnen Sie sich Visionen, nehmen Sie sich Zeit zum Träumen. Was möchten Sie in Ihrem Leben noch erreichen? Im Moment geht es darum, wieder Fuß zu fassen im Berufsleben. Werden Sie manchmal geschüttelt von Ängsten und heimgesucht von Zweifeln? Das ist normal. Aber lassen Sie nicht zu, dass die negativen Gefühle die Oberhand gewinnen. Die Phase der Neuorientierung ist vor allem spannend: Sie haben die Chance auf einen Neubeginn. Die Kinderzeit war für Sie vielleicht vordergründig ein Karriererückschritt. Gleichzeitig haben Sie aber vielleicht neue Interessen entwickelt, sind als Persönlichkeit gereift und haben nun die Möglichkeit, noch einmal neu anzufangen. Wenn der Beruf, den Sie als junge Frau gewählt haben, nicht der richtige war, suchen Sie sich einfach einen neuen.

Die Familienzeit als Sprungbrett für den Traumjob – Frauen erzählen

Frauen, die Kurven gedreht haben und ihre Visionen in die Tat umgesetzt haben, erzählen.

Eine Vision schreibt schwarze Zahlen

„Kunstgalerien gibt es genug, ich möchte mit Emotionen arbeiten, den Verkauf zum Erlebnis gestalten, die Kluft zwischen Künstler und Kunde verringern, die Grenzen zwischen Geschäftswelt und Künstlerwelt auflösen.“ Elisabeth Irlinger (33) hat sich viel vorgenommen. Sie sprudelt vor Begeisterung, wenn sie ihr Unternehmenskonzept vorstellt. Mit dem „Lebensraum Kunst“ (www.lebensraum-kunst.de) ist ein Traum wahr geworden. Vor lauter Träumen hat die zweifache Mutter das Rechnen aber nicht vergessen. Am Businessplan für das Kunstzentrum im oberbayerischen Hohenbrunn hat sie gemeinsam mit ihrem Mann lange gebastelt. „Mit dem Businessplan werden aus Träumen Zahlen“, gibt sie zu. Sie ließ sich den Glauben an ihre Idee nicht nehmen und bewies Mut zum unternehmerischen Risiko.

Elisabeth Irlinger ist gelernte Hotelfachfrau, arbeitete in der Schulungsorganisation einer Computerfirma und leitete eine Werkstatt für Blumendekoration. Ein bunter Lebenslauf. „Zickzack-Sprünge“ nennt sie das. Heute kann sie alles, was sie jemals gelernt hat, verwerten.

Die vier Jahre Elternzeit waren ein bewusster Rückzug ins Private, eine Verschnaufpause. Sie genoss es, die Verantwortung für den Lebensunterhalt abzugeben und viel Zeit mit den Kindern (heute vier und sechs Jahre alt) zu verbringen. Nebenbei entwickelte sie viele neue Interessen. „Die Elternzeit war meine intensivste Entwicklungsphase“, schwärmt sie.

Dann ging alles plötzlich sehr schnell. Auf einem Kulturfestival in Hohenbrunn erkannte sie, dass es in dem kleinen Ort ein ungeheures kreatives Potenzial und den Wunsch nach einem Raum für Begegnungen und künstlerische Aktivitäten gab. „Plötzlich hatte ich die Vision von einem Kunstzentrum mit Künstlerwerkstätten und einem großen Ausstellungsraum.“ Sie fand einen Schuppen, der als Getränkelager genutzt wurde, begeisterte ihren Mann und begann zu planen. Von der Idee bis zur Eröffnung vergingen zwei Jahre.

Mühsam war das Warten auf die Genehmigungen, die Finanzierung. „Es wurden uns so viele Steine in den Weg gelegt. Da habe ich schon manches Mal geflucht und mich gefragt, warum ich mir das antue.“ Und manchmal hatte sie auch Angst vor der eigenen Courage. Die meisten Frauen gründen Kleinunternehmen in der Dienstleistungsbranche, Irlinger dachte in anderen Dimensionen. Die Kosten waren nicht unerheblich. Aber kaum waren die Pläne eingereicht, kamen die ersten Mietanfragen. Damit waren die Grundkosten abgedeckt. Die Zuversicht stieg.

„Ich kann Frauen nur Mut machen, auf die innere Stimme zu hören und zu wagen. Aber die Zahlen muss man natürlich im Blick behalten."

Die Ateliers sind längst alle vermietet, um die Nutzung des Ausstellungsraums kümmert sich Familie Irlinger. Sie gestalten Ausstellungen und bieten die Organisation von Veranstaltungen an – von der privaten Hochzeit zum Firmenevent. Die Kinder genießen es, wenn sie auf Veranstaltungen dabei sind. Sonst hat sich für sie wenig geändert. Die Mutter arbeitet vormittags und abends, wenn die Kinder im Bett sind.

„Der Lebensraum Kunst ist ein Ort, an dem ein lebendiger Austausch zwischen Kunst, Kultur, Wirtschaft und Bildung möglich wird", strahlt Elisabeth Irlinger. „Es ist schön, wenn eine Veranstaltung gut läuft und ich in begeisterte Gesichter blicke. Dann weiß ich, dass sich der ganze Stress gelohnt hat."

Vom Finanzwesen zum Figurentheater

Peggy Hoffmann (38) war eine Karrierefrau. Nach dem Abschluss zum Master of Business Administration war sie im Financial Controlling einer amerikanischen Firma in München und London tätig. Sie genoss die Meetings im Ausland, den Kontakt zu Kollegen, das Ausgehen am Abend. Dann wurde sie Mutter und die Karriere war beendet. „Ich hätte nach einem Jahr in den Job zurückgehen müssen – Vollzeit. Das wollte ich nicht."

Geld verdienen musste sie nach der Trennung vom Ehemann. Sie hatte Glück und fand eine Teilzeitstelle als Financial Analyst eines Privatinvestors. „Nachdem ich mit der Karriere abgeschlossen hatte, war der Job ideal. Ich hatte Verantwortung und konnte sehr selbstständig arbeiten."

Ein Umzug und eine krankheitsbedingte Auszeit führten aber zum endgültigen Ausstieg aus dem Finanzwesen. „Ich habe sechs Monate lang jeden Tag ‚Der Weg des Künstlers' von Julia Cameron durchgearbeitet und wusste, dass ich vom Leben noch etwas anderes wollte." Peggy Hoffmann machte eine Ausbildung zur Figurenspielerin. Heute ist sie Spezialistin für Stimm-Coaching, leitet Theaterkurse und Ferienfreizeiten für Kinder. Außerdem bringt sie als Leiterin des „Figurentheaters" in Bamberg (www.peggy-hoffmann.de) Kinder und Erwachsene in Schulen, Kindergärten und Krankenhäusern mit ihren „sinnlich sinnvollen Geschichten" zum Lachen, Weinen und Träumen. „... und ich dachte, so etwas gäbe es nur in Marrakesch", rief eine Zuschauerin nach einer Vorstellung. Das motiviert.

Peggy Hoffmann liebt ihre Arbeit. „Es ist sehr spannend, das eigene Produkt zu verdichten, zu vertiefen, zu verbessern und immer wieder den aktuellen Bezug zur Zielgruppe zu schaffen“, schwärmt sie. So hat sie mit ihrer alltäglichen Theaterpraxis mittlerweile ihre Ausbildungen als Spezialistin für Stimmausdruck und Künstlermarketing verbunden.

Sie genießt auch die Freiheit in der Wahl von Arbeitszeiten und Arbeitsplätzen: Zu Teamsitzungen trifft sie sich mit Kollegen auch schon mal im Whirlpool oder im Gartencafé. Mutter und Sohn sind auch zufrieden mit dem Familienleben: „Ich sehe meinen Sohn heranwachsen, bin ihm eine wache, aufmerksame Gesprächspartnerin.“ Die Lebensqualität ist im Vergleich zum stressigen Karrierejob ungleich größer: Es gibt kein Fastfood mehr und sie geht sogar öfter mal spontan ins Kino.

Auf die Frage, wo sie ihr Unternehmen in fünf bis zehn Jahren sieht, sprudelt es aus ihr heraus: „Ich möchte mehr und mehr mit der Stimme arbeiten, also weniger Figuren und Objekte spielen, sondern vielleicht eine Radioserie haben, das wäre Klasse! In fünf Jahren möchte ich ein Mentorinnen-Netzwerk eröffnen, um es den nachfolgenden Frauen zu erleichtern, erfolgreich zu sein und Frau und Mensch zu bleiben. Und in zehn Jahren möchte ich zu den Unternehmerinnen gehören, die eingeladen werden in Talkshows, um über nachhaltiges, behutsames und erfolgreiches Wirtschaften zu sprechen.“

Mütter sind die besten Beraterinnen

Gertrud Plagge (47) ist Mutter von zwei Söhnen und Beamtin auf Lebenszeit. Vor der Elternzeit war die Ernährungswissenschaftlerin Lehrerin und kommissarische Schulleiterin an einer Berufsfachschule für Diätetik. Obwohl eine Rückkehr in den Beruf jederzeit möglich war, hat die Münchnerin die Familienzeit länger ausgedehnt, als sie zunächst geplant hatte. „Die Arbeit mit den Schülern hat mir immer Spaß gemacht. Wir haben sogar zusammen ein Buch geschrieben, das unter dem Titel ‚Die neue Cholesterindiät‘ herauskam“, erzählt sie. „Aber das Schulsystem ist starr, es gab wenig Raum für neue Lehrmethoden. Dafür gab es umso mehr Bürokratie, schlechte Kommunikation, Eifersüchteleien und Machtspielchen.“

Zunächst aus rein privatem Interesse machte sie eine Ausbildung in Hypnosetherapie. Sie merkte aber bald, dass sie Menschen helfen konnte und dass die Beratung ihr Spaß machte.

„Für die Arbeit als Beraterin hat mich die Familienarbeit geschult. Ich habe so viele neue Erfahrungen gesammelt, so viele neue Sichtweisen gewonnen, dass ich die kinderlosen Lehrer meiner Kinder als deutlich weniger kompetent erfahre. Gerade in Berufen, die mit Erziehung, Lehre und Lebensberatung zu tun haben, sind Menschen mit eigenen Kindern (und besonders, wenn hier nicht alles glatt ging) meist weitaus lebenspraktischer und lösungsorientierter."

Nach und nach erwachte in ihr der Wunsch, die neue Ausbildung beruflich zu nutzen. Also eröffnete Gertrud Plagge eine Beratungspraxis (www.hypnose-gp.de) in München. Ihr Ziel ist es, durch Hypnosetherapie das Unterbewusstsein ihrer Klienten anzusprechen, um sie bei Verhaltensänderungen zu unterstützen. „Dazu führe ich jemanden in den so genannten α-Zustand, damit ist Hypnose oder Trance gemeint. In tiefer Entspannung werden die Erfahrungen und erlebten Problemlösungen des Patienten, also ihre ureigensten Ressourcen, freigesetzt und zur Lösung herangezogen." Diese Technik kann auch ärztliche Therapien unterstützen, wenn zum Beispiel Schmerz- oder Schlafmittel reduziert werden sollen, wenn Raucher entwöhnt werden sollen, wenn Stress reduziert werden soll.

Das Unternehmen steht noch am Anfang. Manchmal fehlt es an Zeit – wenn die Kinder Hilfe brauchen, weil es in der Schule brennt. Manchmal fehlt auch die Energie: „Wenn vor lauter Akquise, Organisation und Verwaltung mein eigentlicher Job, also die Beratung, zu kurz kommt, bin ich unzufrieden." Besonders schwer fällt ihr die Akquise. Damit musste sie sich als Beamtin schließlich nicht beschäftigen. Doch die Lust überwiegt: „Wenn meine Klienten nach meiner Beratung sichtlich glücklicher und zuversichtlicher an ihre Aufgaben herangehen, dann bin ich zufrieden."

Wo möchte sie in fünf bis zehn Jahren stehen? „Ich arbeite mit Klientinnen und Klienten, die mich durch Mundpropaganda und auf Empfehlung durch Ärztinnen und Ärzte aufsuchen. Ich halte auch Vorträge und baue dadurch Vorurteile gegen gute Hypnoseberatung ab. Schön wäre es, in einem Team zu arbeiten und sich durch gegenseitigen Austausch zu inspirieren."

In Sachen Mode unterwegs

„Ich habe bald erkannt, dass ich nicht zur Vollzeitmutter geboren bin", sagt Ina Barber (34). „Ohne Kontakte würde ich wahnsinnig." Als ihre Tochter sieben Monate alt war, begann die Verwaltungsangestellte sich nach einem Krippenplatz umzusehen. Vergeblich. Eine schnelle Rückkehr in den Beruf schien unmöglich.

„In Deutschland gibt es kaum flexible Arbeitsplatzmodelle", schimpft die Norddeutsche. Ich wolle ja gar nicht acht Stunden am Tag arbeiten, aber zwei Tage in der Woche wären wunderbar gewesen."

Eine Zeitungsannonce brachte die Erlösung: In einer Kleinanzeige wurden Vertriebspartnerinnen von einer Modefirma gesucht. Mit Direktvertrieb hatte Ina

Barber schon nebenberuflich Erfahrungen gemacht. Sie wusste um die Knackpunkte des Systems und konnte die Spreu vom Weizen trennen. Die Idee einer mobilen Boutique für tragbare Freizeitmode war neu in Deutschland und klang genial. Sie begann zwischen Schleswig-Hostein und der bayerischen Wahlheimat zu pendeln und Modepartys (www.modeparties.de) zunächst für Freundinnen und Bekannte zu veranstalten.

Bald schon machte es ihr riesigen Spaß, immer kreativer zu akquirieren, um an neue Kundinnen zu kommen. „In Mütterzentren, bei der Schwangerschaftsgymnastik, überall sitzen Frauen, die sich schick kleiden wollen, aber der Kinder wegen keinen ausgedehnten Einkaufsbummel machen können", erzählt Ina Barber, die mit dem zweiten Kind schwanger ist. Die Mütter bringen teilweise ihre Kinder mit – und die eigene Tochter freut sich über die vielen Spielkameraden. Wenn die Partys außerhalb stattfinden, wird die Tochter vom Vater betreut.

Direktvertrieb ist nicht „jederfraus" Sache. Einfach ist es nicht, genügend Kunden zu finden, damit der Umsatz stimmt. Wer nicht genug verkauft und auf der Kollektion sitzen bleibt, verdient nichts. Glücklicherweise ist Ina ein Naturtalent. „Das Verkaufen macht mir riesig viel Spaß! Von meinem Geschick und meinem Engagement hängt es ab, wie viel ich verdiene. Und die flexiblen Arbeitszeiten sind einfach super."

Ehrenamt als Brücke zur Selbstständigkeit

Anette Hüttmann (46) ist Mutter von drei Kindern. Der Beruf ihres Mannes brachte viele Umzüge, auch Auslandsaufenthalte mit sich. Deshalb war für die gelernte Krankenschwester klar, dass sie so schnell nicht wieder in den Beruf zurückkehren konnte. Sie vermisste auch nichts – bis die Kinder langsam flügge wurden.

In der Hausfrauengewerkschaft und einem Bildungswerk für Frauen wurde sie ehrenamtlich aktiv, gestaltete Messestände, machte Öffentlichkeitsarbeit, betreute Frauengruppen. „Ich habe in dieser Zeit viel für die Unternehmensgründung gelernt", erzählt sie. „Die Arbeit im Ehrenamt war eine Brücke zur bezahlten Arbeit."

Dann wagte sie sich auf den Arbeitsmarkt. Anette Hüttmann, damals Anfang 40, trafen die Reaktionen auf ihre Bewerbungen hart. „Entweder sollte ich zu schlechten Konditionen arbeiten oder ich war den Personalchefs zu alt oder ich hatte zu wenig Berufserfahrung. Das war ein böses Erwachen aus dem Dornröschenschlaf." Weil sie erkannte, dass sie auf dem offiziellen Arbeitsmarkt wenig Chancen hatte, schnupperte sie im Büro eines Maklers aus dem Bekanntenkreis Büroluft. Die Arbeit war nicht uninteressant, aber immer häufiger liebäugelte sie mit der Selbstständigkeit.

Den Auslöser für ihre Geschäftsidee gab eine Zeitungsannonce: Für eine 80-jährige Dame, der die Lebensfreude abhanden gekommen war, wurde eine Gesellschafterin gesucht. Anette Hüttmann bekam den Job. „Als ich meine erste Klientin nach dem ersten Treffen fröhlich zurückließ, war das ein riesiges Erfolgserlebnis", strahlt sie. Die Idee, Dienste für Senioren vom täglichen Einkauf bis zur Reisebegleitung anzubieten, lag plötzlich auf der Hand.

„Jenseits der Pflege klafft eine riesige Betreuungslücke. Es gibt viele alte Menschen, die vereinsamen, weil die Kinder nicht vor Ort sind, sich nicht kümmern können." Die Jungunternehmerin holte Informationen bei der IHK ein, erwarb eine Lizenz zur Personenbeförderung, meldete ein Gewerbe an, kümmerte sich um Geschäftspapiere und Werbemaßnahmen, bastelte an einer Website, studierte Konkurrenzangebote, besuchte Kurse. Der Seniorenbegleitservice „Fidelio" (www.seniorenbegleitung.info) erblickte das Licht der Welt.

„Aktiv den Herbst des Lebens genießen" – ein Slogan war schnell gefunden. Der dreifachen Mutter ist es wichtig, etwas Sinnvolles zu tun. Darüber hinaus ist sie eine Unternehmerin aus Leidenschaft geworden, der es Spaß macht, Konzepte zu schmieden und kreativ zu sein. Mit Werbung und Marketing hatte sie schon im Ehrenamt Erfahrung gesammelt. „So habe ich allen Mut zusammengenommen und mich mit einem Fragebogen in die Innenstadt gestellt, um den Bedarf für meine Dienstleistungen zu ermitteln. Wenn mich allerdings potenzielle Kunden am Telefon abblitzen lassen, dann trifft mich das hart. Da muss ich mir noch eine dickere Haut zulegen."

Die Arbeit ist abwechslungsreich: Sie begleitet Senioren bei Spaziergängen, ins Theater, fährt sie zum Einkaufen, zum Arzt und Frisör, organisiert gute Geister zum Putzen oder Rasenmähen und berät und begleitet bei allen Fragen, die sich mit zunehmendem Alter stellen.

Dass sie auf dem richtigen Weg ist, bestätigte die Teilnahme an einem Geschäftsideen-Wettbewerb der Zeitschrift „Für Sie". Im Urlaub klingelte plötzlich das Handy: „Sie haben gewonnen, Frau Hüttmann. Herzlichen Glückwunsch."

Nicht diplomiert, aber talentiert!

Isabelle Hofmann (45) zog als junges Mädchen der Liebe wegen von Frankreich nach Franken. Jobs waren keine Mangelware und die Mikrobiologin fand bald eine Stelle im Labor der Bundesanstalt für Fleischforschung. „Das Hantieren mit Laborgegenständen, Pipetten und Petrischalen war aber nicht meine Sache. Auch die tägliche Routine hat mich bedrückt und belastet – ich wollte wieder raus!" Sie wurde Mutter von drei Kindern.

Irgendwann kamen die ersten Anfragen für Nachhilfe- und Konversationsstunden in Französisch. Das gefiel ihr besser als die Laborarbeit, nicht zuletzt, weil sie während der Arbeit notfalls ein Kind im Arm wiegen konnte. Sie begann, Kurse anzubieten und gelegentlich zu übersetzen. Das Geschäft lief bestens. Wenn es zu viel wurde, sprangen Kolleginnen ein. „Im Laufe der Jahre hat sich hier eine wunderbare Kooperation entwickelt, wir sind ungefähr sechs bis acht Frauen, die eng zusammenarbeiten. Wir bilden ein Team, was selten ist in diesem Beruf."

Die Französin ist rundum zufrieden. „Die ‚Heimarbeit' hat mich zu einer selbstständigen Unternehmerin gemacht und ich bin gern mein eigener Chef." Isabelle Hofmann genießt es, ein positives Feedback von Kunden zu bekommen, und freut sich, wenn auch die Kontoauszüge beweisen, dass sie erfolgreich ist. Nicht zuletzt, weil ihr Mann vor einigen Jahren frühpensioniert wurde, hat sich das Geld, das sie verdient, als Segen erwiesen. „Es hat meine Stellung innerhalb der Familie verbessert. Alle sind jederzeit bereit, mich zu unterstützen, wenn ein großer Auftrag kommt. Ich bin nicht mehr nur die Mama", freut sie sich.

Die größte Herausforderung für sie ist das Dolmetschen. „Es ist immer ein bisschen Flirt dabei, wenn die Herren galant sind und ihre Bewunderung für die gelungene Arbeit zu spüren ist. Oder wenn Kollegen einem anerkennend auf die Schulter klopfen. Schließlich habe ich mir den Beruf selber beigebracht, bin nicht diplomiert, aber talentiert …"

4. Jetzt wird's ernst. Die Bewerbungsphase

Ich musste ganz neu lernen, auf eigenen Beinen zu stehen. Am Anfang wackelte ich noch etwas, doch dann stieg mein Selbstwertgefühl von Tag zu Tag.

(Hannelore)

4.1 Wo gibt es Jobs?

Stellen Sie sich vor, Sie sind Marathonläuferin. Ihr Ziel ist der Sieg in einem großen Rennen. Sie haben monatelang trainiert, nun wärmen Sie sich ein letztes Mal auf, konzentrieren sich und laufen los – nicht zu schnell, sonst geht Ihnen bald die Puste aus. Sie müssen sich das Rennen geschickt einteilen und dürfen, auch wenn es zwischendurch immer mal wieder Motivationskrisen gibt, nie das Ziel aus den Augen verlieren.

Ähnlich geht es Ihnen als Berufsrückkehrerin. Sie sind schon ein gutes Stück Weg gegangen, haben Hindernisse aus dem Weg geräumt, sich fortgebildet, jetzt wird es ernst: Sie gehen ins Jobrennen. Die Konkurrenz ist groß, aber Ihre Voraussetzungen sind bestens und mit Energie, Durchhaltevermögen und einem Quäntchen Glück werden Sie es schaffen!

Zuvor sollten Sie sich noch anhand von ein paar Fragen klar machen, auf welche Jobs auf dem großen Markt der Stellenanzeigen Sie sich stürzen möchten. Wer sich aus lauter Panik, leer auszugehen, auf jede Stelle, die halbwegs in Frage kommt, bewirbt, bleibt meist erfolglos. Deshalb sollten Sie sich fragen:

- Möchte ich in einer bestimmten Branche arbeiten oder gibt es Branchen, die gar nicht in Frage kommen?
- Gibt es Ausschlusskriterien oder besondere Vorlieben? (Ist es mir z. B. wichtig, in einem Betrieb zu arbeiten, der sich ein ökologisches Image gibt?)
- Möchte ich lieber in einem großen Betrieb mit Aufstiegschancen arbeiten oder in einem kleinen Familienbetrieb?
- Bin ich Teamplayer oder Einzelkämpferin?
- Wie wichtig ist mir ein gutes Gehalt?
- Kann ich mir auch vorstellen, einen Job anzunehmen, für den ich überqualifiziert bin?

- Ist ein Vollzeitjob für mich denkbar? Bin ich bereit, bei der Arbeitszeit Kompromisse einzugehen?
- Welche Arbeitszeiten kann ich konkret anbieten?
- Welche Fahrzeiten nehme ich in Kauf?

Jetzt können Sie mit der Recherche beginnen.

Bundesagentur für Arbeit

Halten Sie Kontakt zur Arbeitsagentur, aber verlassen Sie sich nicht darauf, dass man Sie schon vermitteln wird. Gerade wenn Sie kein Arbeitslosengeld bekommen, also der Arbeitsagentur keine Kosten verursachen, sind die Vermittlungschancen schlecht. Es ist auf jeden Fall gut, selbst aktiv zu werden und beim so genannten „Stellen-Informations-Service" (SIS) der Arbeitsagentur nach offenen Stellen zu recherchieren. Zugriff auf die Datenbank haben Sie sowohl auf bereitstehenden Rechnern in Ihrer Arbeitsagentur als auch von zu Hause aus im Internet unter www.arbeitsagentur.de.

Gerade kleinere und mittelständische Unternehmen stellen gern Stellenanzeigen in die SIS-Datenbank ein, bevor sie teure Annoncen schalten. Jobs im Top-Management werden Sie dort nicht finden. Ein weiterer Nachteil ist, dass die Jobbeschreibungen und Informationen zum Arbeitgeber oft sehr knapp ausfallen. Achten Sie auch auf das Eingabedatum. Ist die Annonce schon älter (mehr als 4 Wochen), sollten Sie vorher anrufen und sich erkundigen, ob die Stelle noch frei ist. Bei der Gelegenheit können Sie auch Fragen zu den Anforderungen stellen.

Alleine auf die bei der Arbeitsagentur gemeldeten Stellen sollten Sie sich nicht verlassen. Sie müssen auch auf anderen Wegen nach Jobs suchen.

Stellenanzeigen

Die Zeitung ist nach wie vor das klassische Medium, in dem Stellenanzeigen veröffentlicht werden, auch wenn Online-Jobbörsen immer wichtiger werden. Studieren Sie Ihre Lokalzeitung. Darüber hinaus sollten Sie auch in überregionalen Tages- und Wochenzeitungen recherchieren. Dazu kommen natürlich auch die Stellenteile einschlägiger Fachmagazine. So suchen Architekten in der „Bauwelt", Journalisten im „Journalist".

Zur Einschätzung der ausschreibenden Firma betrachten Sie die Anzeige: Je größer die Firma, desto größer fällt die Anzeige aus. Als Richtwert stimmt das meistens. Denn kleine Firmen investieren selten große Beträge, um Annoncen zu schalten. Deshalb müssen die Jobs nicht weniger interessant sein. Von Chiffre-Anzeigen sollten Sie besser dic Finger lassen, denn die sind nicht Vertrauen erweckend. Anzeigen, in denen von einem Managergehalt für die leichte Nebentätigkeit von zu Hause aus die Rede ist, sind schlichtweg unseriös.

Internetrecherche

Unternehmenswebsites, Online-Stellenmärkte von Zeitungen und Online-Jobbörsen

Ohne Internetrecherche läuft heute kaum noch etwas. Die meisten Zeitungen stellen ihre Stellenmärkte inzwischen online. Sie können also bequem vom heimischen Computer aus im Stellenteil der *F.A.Z.* oder der *Zeit* stöbern.

Darüber hinaus gibt es eine Vielzahl von Jobbörsen. Die besten davon bieten nicht nur Stellenanzeigen, sondern auch Karrieremagazine und/oder Firmenporträts. Meist kann man den Lebenslauf hinterlegen, um potenzielle Arbeitgeber auf sich aufmerksam zu machen. Hier eine Auswahl:

Stellenangebote im Internet

www.stepstone.de

www.jobpilot.de

www.stellenmarkt.de

www.jobscout24.de

www.jobonline.de

www.jobwar.de

www.stellenanzeigen.de

www.worldwidejobs.de

www.stellen-online.de

www.pharmajobs.de

www.vertriebs-jobs.de

www.minijobcenter.de

Wenn Sie sich gezielt für einen oder mehrere Arbeitgeber interessieren, besuchen Sie diese virtuell auf der **Unternehmenswebsite.** Über eine Suchmaschine, zum Beispiel www.google.de, finden Sie leicht die richtige Adresse.

Verschaffen Sie sich einen Eindruck über Tätigkeitsfelder und Unternehmensphilosophie. Die meisten Unternehmen haben einen Menüpunkt, der zu den aktuellen Jobangeboten führt. Vielleicht haben Sie Glück und eine interessante Stelle ist ausgeschrieben. Oder Sie werden ermutigt, sich initiativ zu bewerben. Wie Sie das machen, erfahren Sie weiter hinten.

4.2 Das Selbstbewusstsein stärken

„Ich bin nur Hausfrau", oder „Ich bin zurzeit nur bei den Kindern" – mit Betonung auf „nur": Haben Sie auch schon mal so auf die Frage geantwortet, was Sie beruflich machen? Typisch Frau. Frauen neigen dazu, ihr Licht unter den Scheffel zu stellen. Sie sind sich ihrer Leistungen oft gar nicht bewusst. Dabei managen Sie mit viel Know-how eine Familie, sind vielleicht noch ehrenamtlich tätig oder unterstützen den Mann in der Firma. Bedenken Sie: Wenn Sie sich so verzagt im Bewerbungsgespräch darstellen, wird Sie niemand einstellen. Darum sollten Sie rechtzeitig Ihr Selbstbewusstsein aufpolieren. Sie müssen (wieder) lernen, sich zu verkaufen und zu Ihren Stärken zu stehen.

Motivieren Sie sich positiv. Das ist nicht immer einfach, vor allem, wenn Sie von Natur aus Pessimistin sind. Versuchen Sie es dennoch. Und ganz wichtig: Nehmen Sie Negativenergie am Abend nicht mit ins Bett, sondern überlegen Sie sich, worauf Sie sich am nächsten Tag freuen. Wir neigen dazu, vor lauter Bescheidenheit positive Signale abzuschütteln oder ins Negative zu ziehen: Ein Kompliment über die neue Bluse von der Freundin wird dann schnell abgetan mit einem „Ach, die ist schon alt …". Hören Sie auf, sich hinter Ihren Leistungen zu verstecken oder diese als selbstverständlich abzutun. Schließlich will es etwas heißen, wenn sich die Schulleitung bedankt, weil durch unsere Planung das Schulfest zu einem Event wurde. Ein solches Lob sollte nicht mit einem „Das war doch keine besondere Leistung, Herr Müller" abgetan werden. Und auch im privaten Bereich sollten Sie sich über positive Signale freuen und nicht denken: „Wenn mich meine Tochter so lieb in den Arm nimmt, dann will sie bestimmt etwas bei mir erreichen …" Wer jahrelang kein Lob bekommen hat, hat den Glauben an seine Fähigkeiten verloren. Vor lauter Fleiß reißen wir alle Familienarbeit an uns, um dann unseren Frust in uns hineinzufressen oder höchstens mal zu grummeln „Alles muss man allein machen …".

Wenn Sie im Job immer nur fleißig sind, nehmen Sie den anderen zwar die Arbeit ab und gewinnen deren Wohlwollen, nicht aber deren Achtung. Denn während Sie still vor sich hinarbeiten, machen diese auf sich aufmerksam. Frauen bringen im Vergleich zu Männern meist mehr Fachkompetenz mit, sind fleißiger und verstecken ihre Talente dennoch. Sie haben noch gelernt, dass Bescheidenheit, Verzicht und Harmoniestreben eine Frau auszeichnen. Aber Sie haben doch sicher den Titel eines Bestsellers der letzten Jahre im Kopf: „Gute Mädchen kommen in den Himmel, böse überall hin" – damit traf Ute Ehrhardt das Lebensgefühl unzähliger Frauen.

Nieder mit der Bescheidenheit, heißt das Motto. Die folgenden Bücher geben wichtige Tipps zur Selbst-PR und Motivation.

Claudia E. Enkelmann
Warum Frauen wirklich besser sind … als sie selber glauben
Redline Wirtschaft 2002

Weibliche Eigenschaften sind die Erfolgsfaktoren der Zukunft, glaubt die Autorin. Deshalb ist es an der Zeit, dass Frauen selbst erkennen, wie gut sie sind. Zahlreiche Übungen helfen, das Erfolgspotenzial zu entdecken, damit Sie Ihr Licht nicht mehr unter den Scheffel stellen.

Sabine Asgodom
Eigenlob stimmt. Erfolg durch Selbst-PR
Econ Verlag 2003

Die Motivationspäpstin brandmarkt die weibliche Tugend der Bescheidenheit als den Karrierekiller Nummer eins. Dass Erfolg nicht allein von der Leistung abhängt, sondern zu großen Teilen von der Selbstdarstellung, legt Asgodom glaubhaft dar. Gute Tipps zur Business-PR für Angestellte und Selbstständige.

Ute Ehrhardt
Gute Mädchen kommen in den Himmel, böse überall hin
Warum das Bravsein uns nicht weiterbringt
Fischer Taschenbuch Verlag 2000

Ute Ehrhardt
Und jeden Tag ein bisschen böser. Das Handbuch zum ersten Band.
Fischer Taschenbuch Verlag 2003

Die Bestseller von Ute Ehrhardt machen Frauen Mut, die Erziehung zur Weiblichkeit und zur Bescheidenheit abzustreifen, Blockaden zu überwinden, um Zufriedenheit und Erfolg im Privatleben und im Beruf zu finden.

Astrid Braun-Höller
Mit Strategie ans Ziel. Selbstmarketing und PR für Frauen.
Kösel Verlag 2003

Strategie-Handbuch für Frauen. Im Mittelpunkt stehen Taktiken, sich auf kreative Weise selbst zu vermarkten. Das Buch enthüllt auch Strategien erfolgreicher Frauen aus Wirtschaft und Politik, die tiefe Einblicke hinter die Kulissen geben.

Jetzt weiß ich, was ich kann – mein persönliches Kompetenzprofil

Um erfolgreich zu sein, Ihr Selbstbewusstsein aufzubauen, sollten Sie sich – am besten in schriftlicher Form – klar machen, was Sie dem künftigen Arbeitgeber zu bieten haben.

Nehmen Sie wieder Ihr Profil der Kenntnisse und Interessen aus Kapitel 3 zur Hand (Seite 70). Zusätzlich kramen Sie Ihre Arbeitszeugnisse und die Zeugnisse von Fortbildungen heraus. Diese brauchen Sie sowieso für Ihre Bewerbungsmappe. Vielleicht haben Sie auch durch Nebenjobs und Praktika während der Familienzeit neue fachliche Kompetenzen erworben.

Nun notieren Sie sich, was Sie fachlich anzubieten haben.

Fachkompetenz

- **Schulabschluss, Berufsausbildung**
- **Berufserfahrung 1. Stelle**
  Was gehörte zur Routine Ihres Jobs? Welche Sonderaufgaben haben Sie wahrgenommen? Welche Erfolge haben Sie vorzuweisen?

- **Berufserfahrung 2. Stelle und folgende**
- **Fortbildungen**
- **Sprachkenntnisse**
  zum Beispiel: Englisch verhandlungssicher, Französisch: gut, Spanisch: Grundkenntnisse
- **PC-Kenntnisse**
  zum Beispiel Word und Excel: sehr gute Kenntnisse; Photoshop und QuarkXPress: Grundkenntnisse

Das ist doch gar nicht wenig. Wenn Sie Fortbildungen vor dem Wiedereinstieg gemacht haben, betonen Sie ganz besonders, dass das Wissen ganz frisch und auf dem allerneuesten Stand ist. Mit den fachlichen Qualifikationen ist es aber längst nicht getan.

Soziale Kompetenzen = Familienkompetenzen

Sie haben Qualifikationen erworben, die bei der Auswahl eines geeigneten Bewerbers viel wichtiger sind, als die meisten denken. Nehmen Sie noch einmal die Stellenanzeigen hervor, die Sie aus der Zeitung ausgeschnitten oder aus dem Internet ausgedruckt haben.

In einer großen überregionalen Zeitung stand eine Stellenanzeige, in der eine Sekretärin für den Kulturreferenten gesucht wurde. Sie sollte fit im Office-Management sein. Englisch- und EDV-Kenntnisse waren unbedingte Voraussetzung. Was darüber hinaus gefordert wurde, kann man an keinem Weiterbildungsinstitut und an keiner Universität lernen: ausgeprägte soziale Kompetenz. Das Anforderungsprofil enthielt folgende Softskills: Serviceorientierung, Verhandlungsgeschick, Gespür für die besonderen Belange des kulturellen Bereichs, ein hohes Maß an Flexibilität, Teamfähigkeit, Kommunikations- und Kooperationsfähigkeit, Einfühlungsvermögen, Geduld und Hilfsbereitschaft im Umgang mit unterschiedlichen Gesprächspartnern, unbedingte Zuverlässigkeit, große Einsatzbereitschaft und hohe Belastbarkeit.

Die Anzeige schloss mit einem entscheidenden Hinweis: „Selbstverständlich ist auch eine Teilzeitbeschäftigung möglich." Das hörte sich nach einer interessanten Stelle an. Wenn Sie die Muss-Voraussetzungen erfüllen, schauen Sie sich einmal an, was unter dem Punkt „Soziale Kompetenz" gefordert wird, und überlegen Sie sich, wo Sie im Lernfeld Familie genau diese Qualifikationen unter Beweis gestellt haben.

Die „Softskills", die Schlüsselqualifikationen, werden immer wichtiger. Mütter haben diese Qualifikationen nicht in Managementseminaren trainiert, sondern durch „Learning by doing" erworben. Familienarbeit macht Mütter fit und belastbar für die Arbeitswelt. Familienkompetenzen überschneiden sich nicht selten mit Managementkompetenzen. Schließlich ist eine Familie ein Kleinunternehmen, und um dieses Unternehmen zu managen, bedarf es vieler Fähigkeiten.

Versuchen Sie, Ihre Familienkompetenzen auf die Berufsebene zu übertragen, und hören Sie auf, Ihr Licht unter den Scheffel zu stellen. Sie sind nämlich keine „Nur-Hausfrau", sondern eine „Familien-Managerin" mit viel Know-how, das Sie im Job gebrauchen können. Insofern sollte es Ihnen leicht fallen, alle geforderten Qualifikationen aus der Stellenanzeige mit Beispielen zu belegen. Manchmal können Sie typische Aufgaben von Müttern anführen, manchmal fällt Ihnen vielleicht ein konkretes Beispiel aus Ihrem Alltag ein. Und so könnte der Transfer von der Familien- zur Berufskompetenz dann aussehen:

Serviceorientierung: Mütter bieten ihrer Familie (leider zu oft) den perfekten Service vom gebügelten Hemd über das frisch gekochte Mittagessen bis zum täglichen Chauffeurdienst und der Vorlesestunde am Abend.

Verhandlungsgeschick: Mütter verhandeln mit Immobilienmaklern, Handwerkern, Lehrern und so weiter.

Gespür für die besonderen Belange des kulturellen Bereichs: Sie sorgen dafür, dass Ihr Mann nicht zum Kulturbanausen wird, und organisieren regelmäßig Opernbesuche und haben ein besonderes Faible für moderne Kunst. Des Weiteren kümmern Sie sich um die musikalische Förderung Ihrer Kinder.

Flexibilität/Kreativität: Nachdem wegen Dauerregen die sorgfältig geplante Kinderparty im Garten ausfallen musste, haben Sie von einem auf den andern Tag ein Alternativprogramm aus dem Boden gestampft.

Teamfähigkeit: Müttern ist das Wohlergehen des Teams wichtiger als eigene Bedürfnisse. Sie achten darauf, dass alle Teammitglieder sich aufgehoben fühlen, dass sie zu Wort kommen und gemäß ihren Stärken eingesetzt und gefördert werden. Sie wissen, wer für welche Aufgaben geeignet ist, und können delegieren. Sie sorgen für ein gutes Betriebsklima und stärken durch Rituale und gemeinsame Unternehmungen (Weihnachtsbäckerei, Familienausflug) das Wir-Gefühl im Familienteam. Neben dem Familienteam sind Sie Mitglied im Elternbeirat, wo Sie der AG Verkehrssicherheit auf dem Schulweg vorstehen.

Kommunikationsfähigkeit: Mütter können zuhören, loben, motivieren, Trost spenden. Mütter diskutieren mit Lehrern, wenn nach wiederholten Verweisen die schulische Karriere des Sohnes in Gefahr ist. Mütter verhandeln mit Handwerkern. Mütter besänftigen aufgebrachte Nachbarn, wenn der Fußball schon wieder im Rosenbeet gelandet ist. Mütter müssen auch mit schwierigen Teammitgliedern wie pubertierenden Kindern im Gespräch bleiben.

Kooperationsfähigkeit: Sie haben ein Mütternetzwerk aufgebaut, um sich gegenseitig zu entlasten.

Einfühlungsvermögen: Mütter fühlen sich in Babys genauso wie in Teenager ein, sind ständig bemüht, das häufig sonderbare Verhalten ihrer Sprösslinge zu ergründen.

Geduld: Mütter brauchen eine Engelsgeduld, wenn Sie mit Kleinkindern Puzzles legen, aber auch wenn sie mit größeren Kindern über Hausaufgaben brüten.

Hilfsbereitschaft: Sie unterstützen nicht nur Ihre eigene Familie, sondern kaufen für die alte Nachbarin ein.

Zuverlässigkeit: Mütter lassen ihre Kinder nicht warten.

Einsatzbereitschaft: Mütter kennen keinen Feierabend und kein Wochenende, sie sind immer bereit zu vollem Einsatz.

Belastbarkeit: Sie haben den Haushalt am Laufen gehalten, dabei immer den Überblick behalten. Sie haben die Kinder gefördert, haben Haustiere und Garten versorgt. Außerdem haben Sie vielleicht zusätzlich die Buchführung für den Mann erledigt. Als wenn das nicht schon genug wäre, haben Sie ganz nebenbei die Fortbildung zum Powerseller bei Ebay gemacht oder den Spanischkurs an der VHS belegt oder eine Elterninitiative aufgebaut oder sind im Elternbeirat aktiv gewesen.

Sie haben den Überblick behalten, als die Handwerker im Haus waren und das Kind ins Krankenhaus gebracht werden musste. Ganz nebenbei haben Sie auch noch die Betreuung für die anderen Kinder und ein warmes Abendessen für den müden Ehemann organisiert.

Sie haben bei allem Prioritäten setzen müssen, um den Überblick zu behalten. Gleichzeitig ist es für Sie selbstverständlich, mehrere Projekte gleichzeitig voranzutreiben, zum Beispiel beim Kochen Vokabeln abzufragen. Außerdem: Mütter können sich nicht krankschreiben lassen und managen auch mit Fieber den Haushalt.

Soweit die Anforderungen aus der Annonce, die Sie alle mühelos erfüllen. Es gibt aber noch weitere „Softskills", die oft in Stellenanzeigen gefordert werden und die wir mit Kompetenzen aus dem Lernfeld Familie belegen können.

Organisationsfähigkeit

- Mütter managen das Freizeitprogramm mehrerer Kinder.
- Mütter verwalten Arzt-, Friseur-, Werkstatt-, Handwerkertermine.
- Mütter planen Urlaubsreisen.
- Mütter organisieren Umzüge und Renovierungen.
- Mütter planen Familienfeste und Kinderpartys.
- Mütter suchen Immobilien oder lassen Häuser bauen und kümmern sich um die Finanzierung.
- Sie sind aktiv im Gesangsverein und planen die gemeinsamen Ausflüge für 95 Mitglieder.
- Bei allem Trubel bewahren Mütter immer einen kühlen Kopf.

Integration/Konfliktverhalten

- Sie haben Geburtstagspartys mit zehn Kindergartenkindern nicht nur überlebt, sondern auch nach einer Stimmungskrise zu einem erfolgreichen Abschluss gebracht.
- Sie haben Coaching im Zickenkrieg der präpubertierenden Töchter geleistet.
- Sie haben es geschafft, dass Ihr Mann nach jahrelangem Schweigen wieder mit seinem Bruder redet.

Motivation

- Mütter können Lob und Anerkennung verteilen und das gezielt als Ansporn einsetzen; sie können begeistern.
- Mütter können zarte Kinderseelen wieder aufbauen und für neue Aufgaben stärken.
- Sie haben es geschafft, der verzagten Tochter, die weinend über den Rechenaufgaben saß, Selbstvertrauen zu geben.

- Sie haben den Sohn, der jegliches Interesse an der Schule verloren hatte, überzeugt, dass es sich lohnt, das Abitur zu machen.

Durchsetzungsvermögen

- Sie haben einen Hortplatz für Ihr Kind erkämpft, um wieder berufstätig sein zu können.

Lernbereitschaft

- Sie sprechen wieder fließend Französisch und sind ein Crack in Differenzialrechnung, seit Sie Ihren Sohn durch die Nachprüfung gepaukt haben.
- Kinder halten jung – ein wichtiges Argument in kreativen Berufen. Ihre Kinder halten Sie auf dem Laufenden, was Trends und Lifestylethemen betrifft.

Stressresistenz

- Sie haben das Trotzalter Ihrer Kinder mit Tobsuchtsanfällen im Supermarkt überlebt.
- Sie sind dabei, auch die pubertären Eigenarten Ihrer Kinder zu überleben.

Die Liste ist sicher nicht vollständig. Dennoch: eine stolze Bilanz! Hätten Sie all diese Kompetenzen auch im Job erworben? Probieren Sie nun aber, möglichst viele Punkte zusätzlich noch mit Beispielen aus früherem Job, Fortbildung oder Ehrenamt zu belegen. Es ist gut zu wissen, dass wir Sozialkompetenz in der Familie erworben haben. Wer diese im Vorstellungsgespräch aber **ausschließlich** mit Beispielen aus dem Lernfeld Familie und Haushalt belegen kann, wird schließlich doch in die „Mutti-Ecke" gestellt.

Wenn es noch Bereiche gibt, in denen Sie Nachholbedarf haben, so schaffen Sie sich selbst Lernfelder. Vielleicht gehören Sie zu den Frauen, die immer „hier" schreien, wenn es darum geht, Kuchen fürs Kindergartenfest zu backen. Das ist sehr lobenswert. Aber vielleicht können Sie es diesmal übernehmen, die Laudatio auf die Kindergartenleiterin zu halten, die in Ruhestand geht – auch wenn es schwer fällt. Dann haben Sie nämlich auch Erfahrungen im Bereich Präsentation zu bieten.

Wenn Sie eine Kompetenzliste erstellt haben, trainieren Sie, über Ihre Stärken zu sprechen. Wenn Sie selbst von Ihren Fähigkeiten überzeugt sind, können Sie auch andere davon überzeugen!

4.3 Die erfolgreiche Bewerbung

Nun wissen Sie, dass Sie viel mehr können, als Sie dachten. Sie dürfen stolz auf sich sein. Jetzt gilt es, auch andere davon zu überzeugen, dass Sie ein Zugewinn für jedes Unternehmen sind. Mit der richtigen Strategie kann bei der Bewerbung kaum noch etwas schief gehen.

Passe ich zum Unternehmen?

„Der Job ist es!" Sie finden in der Zeitung eine Stelle, die Ihnen wie auf den Leib geschnitten zu sein scheint. Sie erfüllen die meisten Anforderungen, die Firma sitzt vor Ort und sucht sogar eine Bewerberin in Teilzeit. Volltreffer.

Bevor Sie sich ans Schreiben der Bewerbung machen, sollten Sie Informationen zum Unternehmen sammeln. Über die Größe des Unternehmens gibt oft schon die Stellenanzeige Auskunft: Je größer die Anzeige, desto größer das Unternehmen – davon kann man ausgehen, zumal Stellenanzeigen nicht gerade billig sind. Ein Kleinunternehmen sucht am ehesten über die Arbeitsagentur oder mit einer ungestalteten Fließtextanzeige. Anzeigen von großen Unternehmen haben ein professionelles Layout und sind von Spezialisten getextet worden.

Ihre Bewerbung bei einem Großunternehmen landet in der Personalabteilung. Mittelständische Unternehmen sind da etwas hemdsärmeliger. Bis zu einer gewissen Unternehmensgröße gibt es nicht unbedingt einen Mitarbeiter, der sich ausschließlich ums Personal kümmert. Bei Kleinunternehmen hat man sich oft gar nicht so viele Gedanken über den Text der Anzeige gemacht und die Bewerbung geht direkt an die Geschäftsführung. Hier kann die Bewerbung etwas informeller sein, die Einstellung von Mitarbeitern ist Chefsache.

Internetrecherche

Dank Internet ist es heutzutage sehr leicht, an Informationen über den potenziellen neuen Arbeitgeber zu kommen. Und die brauchen Sie, um vorab einschätzen zu können, ob Arbeitsumfeld, Aufgabengebiet und Unternehmenskultur zu Ihnen passen. Viel über die Unternehmenskultur erfahren Sie schon auf der Website des Unternehmens: Ist diese konservativ gestaltet, so ist das Unternehmen traditionsorientiert. Ist sie bunt und bewegt, so möchte man sich ein jugendliches, kreatives Image geben. Meist gibt es einen Menüpunkt „Unternehmensphilosophie", den Sie aufmerksam lesen sollten. Hier finden Sie wichtige Anhaltspunkte, ob Sie und die Firma zusammenpassen. Auf die Unternehmensphilosophie können Sie unter Umständen im Bewerbungsschreiben oder spätestens im

Vorstellungsgespräch eingehen. Es kommt gut an, wenn Sie sich mit Leitgedanken des Unternehmens beschäftigt haben.

Wenn Ihnen der Blick auf die Website nicht genügt, ist es auch sehr hilfreich, sich auf den Weg zu machen und das Firmengebäude zumindest von außen zu besichtigen. Wie sind die Mitarbeiter gekleidet? Wenn Sie ein sportlicher Typ sind und die Mitarbeiterinnen allesamt im Kostümchen kommen, werden Sie sich möglicherweise nicht wohl fühlen. Wenn alle flippig daherkommen, möchten Sie nicht die graue Maus sein. Von großer Bedeutung ist auch der Anfahrtsweg. Ein langer Weg, mehrfaches Umsteigen mit öffentlichen Verkehrsmitteln oder mühsame Parkplatzsuche sind gerade dann, wenn es um eine Teilzeitstelle geht, wenig motivierend.

Nun nehmen Sie sich die Stellenanzeige nochmals vor, schreiben heraus, was gefordert wird, und überlegen, ob Sie alle Muss-Forderungen erfüllen – sonst können Sie sich die Bewerbung sparen. Wenn ein Hochschulstudium Voraussetzung für die Stelle ist, Sie aber nach dem Abitur eine praktische Ausbildung gemacht haben, sind Ihre Chancen einfach schlecht, weil viele Bewerber diese entscheidende Voraussetzung erfüllen werden. Wenn jedoch davon die Rede ist, dass ein Hochschulstudium oder Branchenerfahrung Voraussetzung sind, können Sie mit entsprechender Berufserfahrung und einem Plus an sozialer Kompetenz eventuell den Hochschulabgänger ausstechen. Die Kann-Forderungen müssen Sie nicht alle erfüllen. Nehmen Sie Ihr Kompetenzprofil vor und vergleichen Sie: Was erfülle ich und womit kann ich das belegen? Was erfülle ich nicht, könnte es aber möglicherweise durch eine andere Kompetenz aufwiegen?

Erster Telefonkontakt

Wenn Sie Fragen zur Stelle haben, zögern Sie nicht anzurufen. Das kostet Überwindung, signalisiert aber auch immer Interesse und Initiativgeist. Ein erster Kontakt ist hergestellt und Sie können sich in Ihrem Bewerbungsschreiben auf den Anruf beziehen. Doch auch der Anruf will bereits gut vorbereitet sein.

Sorgen Sie dafür, dass Sie ungestört sind. Kindergebrüll im Hintergrund wirkt wenig professionell, auch laufende Waschmaschinen oder gar laute Popmusik machen einen schlechten Eindruck. Lassen Sie sich mit dem Entscheider verbinden, grüßen Sie freundlich, notieren Sie sich den Namen, wenn er nicht schon aus der Anzeige hervorgeht, stellen Sie sich vor. Nun erzählen Sie, um welche Stelle es geht (große Unternehmen schreiben oft mehrere Stellen aus). Erst dann tragen Sie Ihr Anliegen vor. Es kommt immer gut an, wenn Sie zuvor noch fragen, ob der Angerufene Zeit für das Gespräch hat. Wenn Sie erfahren haben, was sie wollten, und sich ermutigt fühlen, Ihre Bewerbungsunterlagen einzuschicken, danken Sie für das Gespräch und verabschieden sich höflich.

Hilfe, ich bin überqualifiziert!

Sie sind gut ausgebildet, aber Sie finden nach längerer Berufspause keinen Job, der Ihrer Qualifikation entspricht – schon gar nicht in Teilzeit. Wäre es eine Alternative für Sie, einen Job anzunehmen, für den Sie überqualifiziert sind? Überlegen Sie gut: Im besten Fall blühen Sie auf, es tut Ihnen gut, überhaupt wieder im Job zu sein, auch wenn die Inhalte Sie nicht wirklich herausfordern. Im schlechtesten Fall langweilen Sie sich zu Tode.

Selbst wenn Sie einer solchen Stelle gegenüber keinerlei Vorbehalte haben, ist nicht sicher, dass Sie anderen Bewerberinnen gegenüber im Vorteil sind. Arbeitgeber sind überqualifizierten Bewerbern gegenüber oft skeptisch, weil sie Angst haben, diese könnten die Stelle als Übergangslösung nutzen und schnell wieder den Absprung suchen, sobald ein besserer Job winkt. Wenn Sie an diese Möglichkeit denken, sollten Sie geschickt vorgehen. Tricks und Kniffe verrät folgendes Buch:

Monika Hoffmann
Überqualifiziert. Wie Sie einen guten Job finden und sich wohl fühlen
Bildung und Wissen Verlag 2003

Was gehört in die Bewerbungsmappe?

Welche Bewerbungsmappe Sie auswählen, bleibt Ihnen überlassen. In jedem Fall sollte sie zum Unternehmen passen. Wer sich in einer Werbeagentur bewirbt, kann mit einer Mappe in knallorange eventuell Pluspunkte sammeln. Bei den meisten Unternehmen ist man mit einem dunklen Blau auf der sicheren Seite. Ob Sie eine Mappe aus Pappe oder eine Variante aus Plastik wählen, ist Geschmacksache. Schauen Sie sich am besten im Fachhandel um. Wählen Sie nicht das billigste Modell, es muss aber auch nicht das teuerste sein. Viele Personaler bevorzugen die weniger aufwändig gestalteten Plastikhefter, die leichter zu sichten sind als die eleganten dreiteiligen Pappmappen. Das ist gut für Sie, denn Plastikmappen sind günstiger und lassen sich meist mehrfach verwenden, während Mappen aus Pappe schnell Gebrauchsspuren zeigen.

Ganz unten in die Mappe heften oder klemmen Sie Ihr Schulabschlusszeugnis, dann Berufsausbildungs- und Studienabschlusszeugnisse und Arbeitgeberzeugnisse – alles in Kopie. Wenn Sie schon über längere Berufserfahrung verfügen, kann das Schulzeugnis wegfallen. Wichtiger sind Zertifikate zu aktuellen Fortbildungen. Zuletzt folgt der Lebenslauf mit Foto oder das Deckblatt mit Foto. Das Anschreiben wird weder geheftet noch geklemmt, sondern eingelegt.

Deckblatt

Ein Deckblatt ist nicht Pflicht, sondern Kür. Darunter versteht man ein weißes Blatt Papier, auf das Sie Ihr Foto (mit einem freundlichen Lächeln) kleben. Darüber könnte stehen:

Bewerbung als Bürokauffrau
bei der Firma
Hasenclever & Söhne GmbH

Weil noch nicht viele Bewerber ein Deckblatt verwenden, fesselt dieser „Eyecatcher" die Aufmerksamkeit des Betrachters.

Anschreiben

Sie haben keine zweite Chance, einen guten ersten Eindruck zu machen. Das gilt auch für die Bewerbungsunterlagen. Wenn Ihre Mappe durchfällt, werden Sie sicher nicht zum Gespräch eingeladen, auch wenn Sie alle Anforderungen erfüllen und gut ins Team passen würden. Das Anschreiben ist die erste Arbeitsprobe. Deshalb sollten Sie sich Zeit lassen und genau überlegen, wie Sie es formulieren. Was Personalverantwortliche gar nicht mögen, sind Anschreiben, denen man anmerkt, dass sie Serienbrief-Charakter haben und sich nicht gezielt auf die ausgeschriebene Stelle beziehen. Extrem wichtig ist auch, dass der Text absolut fehlerfrei ist. Das gilt für den Namen des Ansprechpartners ebenso wie für jedes Komma. Drucken Sie das Anschreiben auf jeden Fall aus, nehmen Sie einen „Duden" zur Hand und lesen Sie es nicht nur am Computer Korrektur. Wenn Sie auf Nummer Sicher gehen wollen, bitten Sie eine rechtschreibversierte oder schreibgewandte Person, das für Sie zu übernehmen. Vielleicht springen dabei auch noch ein paar Formulierungstipps heraus.

Außerdem verwenden Sie blütenweißes Papier bester Qualität ohne Eselsohren und Fettflecken. Es gibt keine Vorschrift, wie lang das Anschreiben sein darf. Aber: In der Kürze liegt die Würze. Personalverantwortliche schätzen es, wenn Sie

Ihr Anliegen kurz und knackig vortragen und auf eine DIN-A4-Seite beschränken.

Was Sie auch wissen sollten: Für das Sichten Ihrer mühsam gestalteten Mappe nimmt sich ein Profi rund 20 Sekunden Zeit. Der erste Blick gilt dem Anschreiben. Wenn dieses überzeugt, fällt der zweite Blick auf das Foto und der dritte auf den Lebenslauf. Zeugnisse werden erst angeschaut, wenn Ihre Bewerbung bereits auf dem Stapel der Kandidaten, die in die engere Auswahl kommen, liegt.

Der Stil sollte Ihre Persönlichkeit widerspiegeln und der angebotenen Stelle angemessen sein. Kann die Begrüßung des Chefs einer kleinen Werbeagentur durchaus ein „Guten Tag Herr Müller" sein, so kommt in konservativen Betrieben nach wie vor „Sehr geehrter Herr Müller" besser an. Das Anschreiben enthält folgende Elemente:

1. Betreff

Hier steht, auf welche Stelle Sie sich bewerben und wo Sie die Stellenanzeige gefunden haben, zum Beispiel:

Bewerbung als Marketingassistentin
Ihre Anzeige in der Süddeutschen Zeitung vom 5. Februar 2005

2. Einleitung

Sie begrüßen Ihren Ansprechpartner unbedingt mit Namen. Wenn dieser aus der Stellenanzeige nicht hervorgeht, bringen Sie ihn telefonisch in Erfahrung. Wer nur schreibt „Sehr geehrte Damen und Herren", vergibt einen Sympathiebonus. Wenn Sie zuvor telefoniert haben, so können Sie folgendermaßen beginnen:

Sehr geehrter Herr Müller,
haben Sie vielen Dank für das nette und informative Telefongespräch, das wir gestern geführt haben. Sie haben mich darin bestärkt, mich bei der Firma Hasenclever & Söhne zu bewerben.

3. Begründung, warum Sie für die Stelle geeignet sind und was Sie daran reizt

Hier bringen Sie Ihren beruflichen Hintergrund ins Spiel und versuchen, den Leser des Anschreibens zu überzeugen, dass Sie den Aufgaben, die die Stelle bietet, mit großer Freude entgegensehen. Wenn es um eine Stelle als Webdesignerin geht, so könnten Sie schreiben:

Ich bin ausgebildete Grafikerin, habe mich dieses Jahr im Bereich Webdesign fortgebildet und das Internet als das Medium entdeckt, in dem ich meine Kreativität am besten ausleben kann. Die von Ihnen ausgeschriebene Stelle verspricht interessante Herausforderungen.

4. Begründen Sie, warum Sie gerade in dieser Firma arbeiten möchten

Hier gilt es, dem Arbeitgeber etwas zu schmeicheln. Welche Firma hört nicht gern, dass sie Renommee genießt, attraktive Produkte auf den Markt bringt und einen attraktiven Arbeitsplatz anbietet. Natürlich möchte niemand hören: „Ich bewerbe mich bei Ihnen, weil Sie der einzige Betrieb sind, den ich innerhalb von 10 Minuten erreichen kann." Wenn Sie sich bei einem Verlag bewerben, der schöne Bildbände produziert, so könnten Sie schreiben:

Ihre Bücher sind kleine Kostbarkeiten, die ich immer wieder gern in die Hand nehme. Ich wäre stolz, als Lektorin meinen Anteil zur Qualität Ihrer Bücher leisten zu können.

5. Gehen Sie auf besondere Stärken und Kompetenzen ein, machen Sie Werbung in eigener Sache

In diesem Absatz sollten Sie noch einmal besondere Stärken hervorheben, hier ist aber auch der Raum, um auf Ihre Position als Berufsrückkehrerin einzugehen. So könnten Sie erwähnen, dass Sie eine ähnliche Position bereits vor der Familienzeit ausgefüllt haben. Nun sind Ihre Kinder bestens betreut, Sie haben Ihr Wissen auf den neuesten Stand gebracht und sind hoch motiviert für den Wiedereinstieg.

Wenn es Vorbehalte geben könnte, weil die Arbeitszeiten im Betrieb ungewöhnlich sind und man Ihnen möglicherweise nicht zutraut, dass Sie diese mit der Kinderbetreuung vereinbaren können, so klären Sie diesen Punkt schon im Anschreiben.

„Mögliche Vorbehalte habe ich gleich im Bewerbungsschreiben entkräftet", erzählt Ina. „Als Ausbilderin im Gesundheitswesen muss ich nämlich bereit sein, Blockunterricht zu geben, das kommt für Mütter mit unflexiblen Betreuungszeiten nicht in Frage. Deshalb habe ich gleich geschrieben: ‚Der von Ihnen erwähnte wochenweise Blockunterricht stellt für mich kein Problem dar, da ich über ausreichende Betreuungsmöglichkeiten verfüge. In den zurückliegenden Jahren habe ich stets Beruf und Familie vereinbart.'"

Hier könnten Sie auch auf Ihre Sozialkompetenz eingehen, wenn in der Stellenanzeige davon die Rede war. Auf keinen Fall sollten Sie jammern und Sätze wie diese schreiben: „Meine Berufsrückkehr musste ich mehrmals verschieben, weil die schulischen Leistungen meines Sohnes meine ganze Aufmerksamkeit erforderten", oder: „Ich konnte mich nicht fortbilden, weil ich meine Schwiegermutter pflegen musste." Ihre persönlichen Schicksalsschläge tun hier nichts zur Sache. Es geht allein darum, was Sie zu bieten haben. Und wenn Ihr Fachwissen veraltet ist, so sollten Sie etwas anderes anbieten können und Lernbereitschaft zeigen:

Ich habe wenig Erfahrung mit QuarkXPress, freue mich aber auf neue Herausforderungen. Neben Lernfähigkeit habe ich durch das Familienmanagement mit zwei lebendigen Kleinkindern Belastbarkeit und Flexibilität bewiesen.

6. Verabschiedung

Wie bei der Anrede, so haben Sie auch für den Abgang verschiedene Möglichkeiten. „*Ich würde mich über die Einladung zu einem Vorstellungsgespräch sehr freuen*" klingt zurückhaltend und wenig selbstbewusst. „*Ich freue mich heute schon, Sie bald persönlich kennen zu lernen*" zeugt von großer Selbstsicherheit, kommt aber möglicherweise nicht gut an. Entscheiden Sie von Fall zu Fall. Im Zweifelsfall sollten Sie selbstbewusst, aber nicht überheblich klingen: „*Gern würde ich in einem persönlichen Gespräch mehr über die Tätigkeit und Ihr Unternehmen erfahren.*"

Lebenslauf

Für die Gestaltung des Lebenslaufs gibt es unterschiedliche Modelle. Wichtig ist letztendlich Übersichtlichkeit. Dass der Lebenslauf mit dem Computer in tabellarischer Form erstellt wird, ist heute eine Selbstverständlichkeit. Er sollte – ähnlich wie das Anschreiben – so knapp wie möglich gehalten werden und sollte nicht mehr als zwei Seiten umfassen.

Ganz oben stehen die Angaben zur Person, gefolgt von Geburtsdatum und -ort, dem Familienstand und der Anzahl, je nach Fall auch dem Alter der Kinder. Wenn die Kinder bereits im Schulalter sind, also eine gewisse Selbstständigkeit erlangt haben, sollten Sie das Alter angeben. Wenn die Kinder noch sehr klein sind, lassen Sie das Alter besser weg. Im Vorstellungsgespräch wird das natürlich thematisiert, aber dann können Sie ja erzählen, dass auch Ihre Kleinkinder bestens betreut sind.

Wie Sie jetzt fortfahren, ist Geschmacksache. In Deutschland wird traditionell mit der Schulausbildung begonnen. In angelsächsischen Ländern beginnt der Lebenslauf mit dem letzten Job. Das wird manchmal geraten, wenn ein Bewerber bereits viel Berufserfahrung hat, um mehr Übersichtlichkeit zu schaffen und die aktuellen Erfahrungen mehr zu gewichten.

Als Berufsrückkehrerin gibt es keinen Grund, von der üblichen Variante abzuweichen. Sie beginnen also mit der Schulausbildung. Neben den Schulen, die Sie besucht haben, geben Sie auch den letzten Schulabschluss an. Wenn die Note besonders gut war, können Sie den Notendurchschnitt gern in Klammern angeben.

Danach folgen Berufsausbildung und/oder Studium, jeweils mit Abschluss und eventuell mit Note.

Besonders wichtig ist natürlich die Berufserfahrung. Führen Sie alle Betriebe, in denen Sie tätig waren, sowie die Positionen, die Sie inne hatten, auf. An dieser Stelle müssen Sie keine ausführliche Stellenbeschreibung liefern.

Über den Umgang mit Lücken gibt es viele verschiedene Meinungen. Profis entlarven Lücken, so viel ist sicher. Darum ist es sicher geschickter im Hinblick auf ein Vorstellungsgespräch, gleich ehrlich zu sein. Geben Sie ruhig zu, dass Sie zwei Monate auf Weltreise waren (auch auf Reisen haben Sie viel gelernt). Geben Sie auch Zeiten der Erwerbslosigkeit an und natürlich auch Ihre Familienzeit. Wenn Sie die Ausfallzeiten mit Fortbildungen, Urlaubsvertretung, freier Mitarbeit gefüllt haben, umso besser. Auch ehrenamtliche Tätigkeiten während der Familienzeit können Sie erwähnen.

Nun kommen – wenn vorhanden – Auslandserfahrungen, gefolgt von Fortbildungen und sonstigen Kenntnissen. Wichtig für alle Arbeitgeber sind Sprachkenntnisse und EDV-Kenntnisse, die Sie näher beschreiben sollten (bei Sprachen zum Beispiel: verhandlungssicher, fließend, Schulkenntnisse). Wenn es für die Stelle relevant ist, können Sie hier auch Hobbys angeben. Wenn in der Stellenanzeige Teamfähigkeit gefordert wird, so sollten Sie die Tatsache, dass Sie Mitglied eines Basketballteams sind, nicht unterschlagen.

Nun wird der Lebenslauf mit Datum versehen und unterschrieben.

Rosi Rostig

Kapuzinerstraße 20
80469 München
Tel. …

Lebenslauf

Persönliche Daten

Geboren	29. 2. 1968 in Rosenheim
Familienstand	verheiratet, 2 Kinder (6 und 8 Jahre alt)

Schulbildung

09/74 – 07/78	Grundschule Rosenheim
09/78 – 06/87	Gymnasium Rosenheim
06/87	Abitur (Note 1,9)
08/87 -11/87	Praktikum in der Lokalredaktion des Wochenblattes

Studium und Praktika

11/87 – 06/92	Studium der Literaturwissenschaft, Kunstgeschichte und Politologie an der LMU München
08/90 – 11/90	Praktikum im Kunstverlag Schneider, Berlin
06/92	Abschluss: M.A. (Note 1,3)

Berufstätigkeit

10/92 – 10/94	Verlag Rosengerber & Co, München Lektoratsassistenz – Schwerpunkt Kinderbuch

11/94 – 02/97	Verlag Bierbichler, München Kinderbuchlektorin
04/97 – heute	Freie Lektorin und Redakteurin für Kinderbücher und Kochbücher sowie Erziehung der Kinder
	Gründung einer Leseinitiative

Auslandserfahrung

07/87 – 8/87	Auslandsaufenthalt in Australien (Perfektionierung meiner Englisch-Kenntnisse)
06/92 – 09/92	Reise durch Südamerika mit Sprachkurs in Lima/Peru

Fortbildung

03/04 – 09/04	Medienakademie München, Fortbildungsseminar DTP-Publishing und Online-Publishing

Sonstige Kenntnisse

Sprachen:	Englisch (fließend in Wort und Schrift), Spanisch (gut), Französisch (Grundkenntnisse)
EDV-Kenntnisse	Word, Excel, PowerPoint (sehr gut), QuarkXPress (sehr gut); HTML; Dreamweaver, Photoshop (gut)

Hobbys:	Tätigkeit als 1. Vorsitzende einer Leseinitiative

München, 29. 9. 2004

Rosi Rostig

Foto

Ganz wichtig: Verwenden Sie kein Automatenfoto. Sie wollen durch das Foto gewinnen, nicht verlieren. Investieren Sie in gute Bewerbungsfotos. Profis wissen, worauf es dabei ankommt. Tragen Sie dezente Businesskleidung und dezentes Make-up. Und lächeln Sie gewinnend. Ob Sie Farbfotos oder Schwarzweiß-Aufnahmen bevorzugen, ist Geschmacksache.

Zeugnisse

Von allen wichtigen Zeugnissen lassen Sie Kopien in bester Qualität machen. Wählen Sie aus: Wenn Sie bereits viel Berufserfahrung haben, können Sie die Zeugnisse vom Praktikum aus der Studienzeit oder dem Word-Kurs vor zehn Jahren getrost weglassen. Auch auf das Abiturzeugnis können Sie verzichten, wenn Sie das Zeugnis über einen Universitätsabschluss beilegen. Unverzichtbar sind natürlich alle Arbeitszeugnisse, aber auch Zeugnisse aktueller Fortbildungen.

Online-Bewerbungen

Die elektronische Bewerbung spart Papier und Porto und ist längst gesellschaftsfähig, wenn auch noch längst nicht Standard. Auf keinen Fall sollten Sie Online-Bewerbungen versenden, wenn in der Stellenanzeige nicht ausdrücklich dazu aufgefordert wird. Um E-Mail-Postfächer zu entlasten, haben viele Unternehmen auf ihren Internetseiten die Möglichkeit eingerichtet, sich mit einem Formular zu bewerben. Das ist schnell und praktisch, gibt aber wenig Raum für Kreativität und ist für Berufsrückkehrerinnen, die zweifellos Lücken im Lebenslauf erläutern müssen, nicht unbedingt ideal. Andererseits demonstrieren Sie, dass Sie mit dem Internet umgehen können.

Genau wie bei einer herkömmlichen Bewerbung gilt es, Regeln zu beachten, damit die Bewerbung ankommt und einen professionellen Eindruck macht. Schicken Sie die Bewebung nicht an die info@firma.de-Adresse, sondern erfragen Sie den richtigen Ansprechpartner. Empfehlenswert ist es, zunächst eine Kurzbewerbung mit Anschreiben und Lebenslauf zu schicken und darauf zu verweisen, dass Sie die vollständigen Unterlagen per Post nachreichen können. Anhänge benötigen viel Speicherplatz und sind unter Umständen für den Empfänger gar nicht lesbar. Besser als Word-Dateien sind Dateien im RTF- oder PDF-Format.

Ihre E-Mail-Adresse sollte einen seriösen Eindruck machen. Feuerhexe@hotmail.com mag witzig klingen, macht aber sicher keinen professionellen Eindruck.

Claudia Nuber
Auffallend gut bewerben für freche Frauen
Außergewöhnliche Bewerbungen, die überzeugen
Redline Wirtschaft 2005

Wie sehen Bewerbungen aus, die Personalchefs zu einem zweiten Blick verführen? Und wie meistere ich erfolgreich das Vorstellungsgespräch? Bewerbungen für Fortgeschrittene.

Christine Öttl / Gitte Härter
Schriftliche Bewerbung. Mit Profil zum Erfolg
Gräfe und Unzer Verlag 2004

Kompakter und sehr brauchbarer Ratgeber für perfekt formulierte Anschreiben und vollständig bestückte Bewerbungsmappen.

Wer sich kennt, der hilft sich ... Der inoffizielle Arbeitsmarkt

Auf die Frage, wie denn Herr Schulze seinen neuen Job gefunden habe, hörte man früher oft nur ein hinter vorgehaltener Hand geraunteѕ, aber höchst vielsagendes „Vitamin B ...". Viel zu lange hatten wir Frauen für diese Art der Jobbeschaffung nicht viel übrig. Wir wollten aus eigener Kraft nach oben kommen, nicht weil wir die richtigen Leute kannten. Männer haben schon immer ihre Netze gesponnen und sich nicht dafür geschämt. Kontakte aus studentischen Verbindungen oder Pfadfinderseilschaften waren von jeher bestens geeignet, um Absolventen in den Job und dann auf der Karriereleiter steil nach oben zu bringen.

Warum ist der Handwerksmeister aktiv in der freiwilligen Feuerwehr und der freie Unternehmensberater Mitglied im Tennisclub, obwohl er Sport hasst wie die Pest? Erfolg im Beruf hat oft wenig mit Leistung zu tun – das ist eine Tatsache. Einer amerikanischen Studie zufolge verbringen erfolgreiche Manager fast 50 Prozent ihrer Arbeitszeit mit Kontaktpflege. Geschäfte werden im Restaurant und auf dem Golfplatz gemacht.

Diese Art des Beziehungsmarketings heißt heute Networking und ist ganz und gar nicht mehr verpönt, sondern wird in Seminaren unterrichtet. Es geht darum, gezielt Kontakte zu knüpfen, diese sinnvoll zu nutzen und regelmäßig zu pflegen. Kein Wunder, denn die Hälfte aller zu besetzenden Stellen werden über persönliche Kontakte vergeben, so wird gemunkelt.

Frauen sind auf privater Ebene traditionell gute Netzwerkerinnen. Sie wissen ganz genau, bei welcher Freundin sie die Kinder parken können, welche Nachbarin die Blumen gießen und wer die verlorenen Computerdateien wieder hervorzaubern kann.

Marina (38) bringt nicht nur ihren Sohn Jan, sondern auch dessen Freund Timo zum Turnen. Dafür macht Jan bei Timo die Hausaufgaben, wenn Marina einen Nachmittag im Büro verbringt. „Ohne mein tolles Mütternetzwerk wäre meine Berufstätigkeit gar nicht möglich", schwärmt Marina.

Berufsrückkehrerinnen sollten die privaten Netzwerke einmal daraufhin abklopfen, ob es jemanden gibt, der ihnen auch beruflich weiterhelfen könnte. Gerade für diese Gruppe ist der inoffizielle Arbeitsmarkt höchst attraktiv. Frauen mit bunten, aber lückenhaften Lebensläufen fallen bei jung-dynamischen Personalchefs schnell durchs Raster. Wer auf Empfehlung kommt, hat schon viel gewonnen.

Viele Bewerberinnen finden den Wiedereinstieg mit einer Stelle, die nie in der Zeitung stand. Selbst wenn Sie nicht Golf spielen – auch auf Spielplätzen und in Volkshochschulkursen gibt es Menschen, die interessante Hinweise bei der Jobsuche geben können. Halten Sie die Ohren offen, erzählen Sie im Bekanntenkreis, dass Sie wieder Arbeit suchen.

Lisa (36) hatte im Verkauf eines großen Industrieunternehmens in Hannover gearbeitet. Eine Stelle mit viel Verantwortung, Kundenkontakten und leistungsgerechtem Gehalt. Der Umzug in eine Kleinstadt und die anschließende Familienpause hatten sie ins berufliche Abseits geführt. Lisa war unglücklich. Sporadisch arbeitete sie im Handwerksbetrieb des Mannes mit, hielt ihre EDV-Kenntnisse auf dem neuesten Stand und lernte, sich im Internet zurechtzufinden. Aber sie wollte einen richtigen Job und eigenes Geld. Die Stellenanzeigen gaben nicht viel her. In einem Ernährungsseminar lernte sie die Chefin eines Catering-Unternehmens kennen. „Irgendwann habe ich mir ein Herz gefasst und sie gefragt, ob sie nicht Arbeit für mich hätte." Sie hatte.

Es folgte ein Vorstellungsgespräch, in dem es gar nicht so sehr um Fachkenntnis ging. „Man war beeindruckt davon, dass ich fit im Internet bin, und meine alten Zeugnisse sprachen für sich. Wichtiger war, dass ich schon einen Sympathiebonus hatte. Schließlich war die Chefin selbst überzeugt, dass ich gut ins Team passen würde", erzählt Lisa.

Ein Pluspunkt war auch, dass sie die Familienplanung bereits abgeschlossen hatte. Im Betrieb arbeiten noch fünf andere Berufsrückkehrerinnen. Das Arbeitsklima ist super und die Firma verständnisvoll, wenn mal ein Kind krank ist. In Stoßzeiten arbeitet Lisa dafür auch ab und zu Vollzeit und bittet die Schwiegermutter um Unterstützung bei der Kinderbetreuung. „Besser hätte ich es kaum treffen können …", sagt sie.

Tanja (44) kann von einer ähnlichen Erfolgsgeschichte erzählen. Die Hürden auf dem offiziellen Arbeitsmarkt erschienen ihr unüberwindlich. „Wer nimmt denn schon eine 41-jährige Berufsrückkehrerin, die elf Jahre lang nicht gearbeitet hat", so dachte sie am Anfang. Also hörte sie sich im Bekanntenkreis um. Eine Krankenschwester aus dem Gymnastikkurs vermittelte ihr ein Gespräch in der Herzklinik, wo technische Sterilisationsassistentinnen gesucht wurden. Von diesem Beruf hatte Tanja, die Einzelhandelskauffrau, noch nie gehört. Im Vorstellungsgespräch gefiel sie durch ihre Neugier und Lernbereitschaft und bekam eine Chance als Schwangerschaftsvertretung. Aus der Vertretungsstelle wurde nach einem Jahr ein unbefristeter Vertrag.

Uschi (43) hätte sich selbst gar nicht getraut, auf Jobsuche zu gehen. Ein Nachbar erzählte ihr von einem neuen Projekt für junge Familien und war überzeugt, die erfahrene Sozialpädagogin mit eigener Familienerfahrung sei die Idealbesetzung. Der Rest war reine Formsache.

Die Zahl der beruflichen Erfolgsgeschichten durch private Kontakte könnte fast endlos fortgesetzt werden. Das soll aber nicht heißen, dass Ihr privates Netzwerk auch immer dazu taugt, Sie beruflich weiterzubringen. Manchmal ist es sogar besser, wenn der Sinn der Beziehung ganz klar auf berufliche Unterstützung ausgerichtet ist und Freunde ganz einfach Freunde bleiben. Denn Geschäfte unter Freunden haben auch schon so manche Freundschaft kaputtgemacht.

Professionelles Networking

Wenn Sie Beruf und Privatleben streng trennen möchten oder Sie ganz gezielte Unterstützung in bestimmten Bereichen brauchen, sollten Sie unbedingt ein professionelles Netzwerk suchen. Frauennetzwerke sind mittlerweile wie Pilze aus dem Boden geschossen. Tatsächlich ist professionelles Netzwerken – also das Knüpfen, Pflegen und Nutzen von Kontakten zum Zweck der Unterstützung im Beruf – für jede Frau im Job ein Zugewinn.

Für den Einstieg ins Abenteuer „Networking" eignen sich berufsübergreifende Netze wie Connecta e. V. (www.frauennetzwerk-connecta.de) oder Femity (www.femity.net) besonders gut. Darüber hinaus gibt es Netzwerke für Fachfrauen wie

Juristinnen, Journalistinnen etc. Weitere Hinweise finden Sie im Kapitel 6, Adressen im Anhang ab Seite 206.

Einige Netzwerke sind rein virtuell: Die Teilnehmerinnen kommunizieren über Mailinglisten oder Foren miteinander. Andere Netzwerke haben Regionalgruppen mit Terminen für feste Treffen.

Erwarten Sie nicht, nach dem Erstkontakt sofort profitieren zu können. Netzwerke wirken eher langfristig. Haben Sie Geduld. Signalisieren Sie, dass Sie bereit sind, etwas für andere zu tun. Zum Beispiel wissen Sie vielleicht von einer Frau, die interessant für Sie ist, dass sie demnächst nach Rom fährt. Überraschen Sie sie mit einem interessanten Artikel, den Sie aus der Zeitung ausgerissen haben, oder mit ein paar Shopping-Tipps einer Freundin, die dort lebt. Bei Gelegenheit wird sie an Sie denken.

Einige Dos and Donts für erfolgreiches Netzwerken:

- Gehen Sie nicht zu selten zu Treffen.
- Bringen Sie sich ein.
- Akquirieren Sie nicht zu aufdringlich. Wer gleich mit der Tür ins Haus fällt, wenn es ihm unter den Nägeln brennt, macht sich unbeliebt.
- Geben ist seliger denn Nehmen. Nur wer sich selbst einbringt, wird auch vom Netz profitieren.
- Vergessen Sie nie das Dankeschön – für Tipps, Vermittlungen, Kontakte.

Die Flucht nach vorn – Initiativbewerbungen

Nur 40 Prozent der zu besetzenden Stellen werden ausgeschrieben. Die anderen werden entweder mit Bewerbern besetzt, die empfohlen wurden oder selbst die Initiative ergriffen haben. Eine Initiativbewerbung ist keine Blindbewerbung, denn frau bewirbt sich nicht blind ins Blaue hinein, sondern ganz gezielt bei einer ganz bestimmten Firma, für die sie sich interessiert. Entweder Sie kennen und schätzen die Firma bereits oder Sie entdecken sie bei der gezielten Recherche – im Internet oder in der Zeitung. „Berufsrückkehrerinnen sollten sich angewöhnen, den Wirtschaftsteil der Zeitungen zu studieren", rät Angelika Pabst vom Münchner Büro für Berufsrückkehrerinnen. „So kann man herausfinden, welche Firmen expandieren und möglicherweise auch neue Arbeitskräfte brauchen."

Die Initiativbewerbung hat eindeutige Vorteile: Erstens haben Sie bereits Interesse gezeigt und bringen sich als engagierte Arbeitskraft ins Gespräch. Zweitens ist die

Konkurrenz wesentlich kleiner als bei einer ausgeschriebenen Stelle. Die Chance ist entsprechend groß, dass Ihre Bewerbung genauer angeschaut wird. Möglicherweise schaffen Sie es, durch Ihre Bewerbung erst den Bedarf zu wecken.

Wie gehen Sie vor? Sie sollten ausführlich darstellen, warum Sie sich gerade bei dieser Firma bewerben und warum Sie eine wertvolle Mitarbeiterin sein könnten. Lassen Sie sich etwas einfallen, schreiben Sie einen „Liebesbrief" ans Unternehmen.

Hannelore (40) hatte nach dem Pädagogikstudium noch ein Architekturstudium nachgeschoben und keine Berufserfahrung, als sie Mutter wurde. Während der Schwangerschaft hatte ihr Mann von der Aufteilung der Familienzeit geredet. Daran wollte er sich nicht mehr erinnern – und ihr wurde es immer unerträglicher in den eigenen vier Wänden. Als die Familie von Berlin nach München zog, setzte das viel Energie in ihr frei. Die Tochter war inzwischen drei Jahre alt und Hannelore nahm die Jobsuche aktiv in die Hand – ohne einen Kindergartenplatz zu haben.

„Ich wusste, ich muss es jetzt packen, denn als Berufseinsteigerin mit Mitte dreißig waren meine Chancen sowieso nicht rosig." Statt auf klassische Bewerbungen setzte sie auf Kreativität und schrieb Initiativbewerbungen an einige große Architekturbüros. „Ich möchte nicht länger Legohäuser, sondern Wohnhäuser bauen", so lautete Hannelores Slogan. Sie bekam mehrere Absagen, weil man Vollzeitkräfte brauchte. Aber sie waren durchweg nett formuliert. Der Ton hatte wohl gestimmt. Und dann biss der Geschäftsführer eines großen Architekturbüros an. Er gab ihr eine Chance und ließ ihr sogar die Wahl zwischen einer 20- und einer 30-Stunden-Stelle. „Wir hatten keine Wohnung und keinen Kindergartenplatz", erinnert ich Hannelore, „aber ich hatte einen Job."

Auch Irene (37) fand ihre Stelle durch eine Initiativbewerbung. Die Gymnastiklehrerin hatte eine Computerfortbildung gemacht, als ihr Mann schwer erkrankte und sie von heute auf morgen für das Familieneinkommen zuständig war. Gleich die erste Bewerbung ging ans Finanzamt und machte Eindruck, und so meldete sich die Abteilung Steuerfahndung bei ihr. Dort wurde eine flexible Persönlichkeit gesucht, zuverlässig, gelassen, fit im Organisieren. All diese Eigenschaften und Fähigkeiten hatte Irene im Familienalltag und während der Weiterbildung bewiesen. Sie bekam den Job.

„Hartnäckig muss man sein", rät sie anderen Berufsrückkehrerinnen. Die neue Stelle entpuppte sich als Volltreffer: Sie erarbeitete sich schnell einen eigenen Zuständigkeitsbereich. Dank guter Leistungen kann sie auf das Verständnis des Arbeitgebers zählen, wenn sie zu Hause gefordert ist.

Christine Öttl / Gitte Härter
Initiativ bewerben
Gräfe und Unzer Verlag 2003

Kurz und kompakt – das Wichtigste zur Initiativbewerbung

Die Bewerbung ist auf dem Weg

Die Bewebung ist abgeschickt. Jetzt heißt es abwarten. Wenn zwei Wochen später ein großer brauner Umschlag im Briefkasten liegt, dann ist das eine große Enttäuschung. Keine Frage.

Wenn Sie nach drei bis vier Wochen noch keine Antwort auf Ihre Bewerbung bekommen haben, dürfen Sie telefonisch nachhaken. Bekundigen Sie Ihr Interesse an der Stelle und erkundigen Sie sich nach dem Stand des Bewerbungsverfahrens. Möglicherweise gehören Sie zu den Bewerbern, die in die engere Wahl genommen wurden. Wer gar nicht ins Profil passt, der bekommt die Unterlagen nämlich in der Regel schon sehr bald zurück.

Natürlich wünschen Sie sich, dass das Telefon klingelt und Sie zu einem Vorstellungsgespräch eingeladen werden. Weil Sie nicht immer zu Hause sind, haben Sie sehr wahrscheinlich einen Anrufbeantworter. Gerade in Familien ist es üblich, Anrufer mit einem lockeren Spruch zu begrüßen, mit flotter Musik, mit einer Ansage der lieben Kleinen oder gar mit Indianergebrüll und Gespenstergeheule. Das ist witzig für Ihre Freunde, aber Herr Müller von der Personalabteilung von Hasenclever & Söhne hat möglicherweise nicht viel Sinn für Kreativität und wird die Professionalität vermissen. Deshalb: Zumindest für die Dauer des Bewerbungsverfahrens sollten Sie auf eine freundliche und seriöse Ansage umstellen.

4.4 Das Vorstellungsgespräch

„Ich habe einen Luftsprung gemacht und beschlossen, meinen Mama-Komplex endgültig zu begraben", erinnert sich Marina (38). Mit der Einladung zum Vorstellungsgespräch hatte sie die erste Hürde genommen. Ihre Bewerbung war gut angekommen, hatte Neugier geweckt. Jetzt musste auch die zweite Runde gut geplant werden.

Wenn Sie zum Gespräch eingeladen werden, haben Sie fachlich bereits überzeugt. Die Tatsache, dass Sie Berufsrückkehrerin sind, hat man zur Kenntnis genommen und ist trotz Berufspause an Ihnen interessiert. Das ist gut zu wissen, denn nun müssen sie sich nicht mehr dafür verteidigen, dass Sie im Beruf pausiert haben, sondern können sich ganz darauf konzentrieren, Ihre Vorteile ins rechte Licht zu rücken. Es geht beim ersten Kennenlernen wie bei einem Blind Date darum, zu testen, ob Ihre Sozialkompetenz überzeugend ist und ob die Chemie stimmt. Eingestellt wird der Bewerber, der am besten ins Team passt. Anhand des Kompetenzprofils haben wir gesehen, dass Mütter auf dem Gebiet der Sozialkompetenz fast unschlagbar sind. Deshalb: Nur Mut!

Vorbereitung

Nehmen Sie sich noch einmal die Rechercheergebnisse zur Firma vor. Besuchen Sie noch einmal die Website des Unternehmens im Internet. Bei größeren Firmen gibt es auch Branchennachrichten in der Fachpresse. Sie müssen einen guten Überblick über Angebote und Philosophie des Unternehmens haben. Offene Fragen notieren Sie sich. Das gibt Ihnen Gelegenheit, im Gespräch nachzuhaken. Nun schauen Sie sich die Stellenanzeige und Ihre Bewerbung sowie Ihr Kompetenzprofil nochmals an.

Wie Ihr Vorstellungsgespräch ablaufen wird, hängt vom Betrieb ab. In einem kleinen Betrieb werden Sie dem Geschäftsführer persönlich gegenübersitzen, der Sie möglicherweise nur bittet, etwas über sich selbst zu erzählen, und das Gespräch ausgehend vom ersten Eindruck eher intuitiv weiterführt. Wenn Sie einem geschulten Personalverantwortlichen gegenübersitzen, werden die Fragen einem professionellen Raster entsprechen, das auf den nächsten Seiten erläutert wird. Das Gute daran ist, dass Sie sich auf Standardfragen optimal vorbereiten können.

Fragen zum Lebenslauf

Am Anfang eines jeden Bewerbungsgesprächs stehen meist Fragen zum Lebenslauf. Überlegen Sie sich im Vorfeld, welche Stationen Ihres Lebens Sie ins Licht rücken möchten und wie Sie Lücken im Lebenslauf möglichst gut verkaufen.

„Erzählen Sie etwas über sich"

Sehr häufig steht zu Beginn des Gesprächs nach etwas Smalltalk eine Aufforderung: Man bittet Sie, Ihren Lebenslauf kurz darzustellen. Wenn Sie vermeiden wollen, dass Ihr Gegenüber abschaltet, sollten Sie nicht bei Ihrer Geburt beginnen. Wenn Sie noch wenig Berufserfahrung haben, beginnen Sie am besten nach dem Schulabschluss mit der Entscheidung für eine Berufsausbildung oder für eine Studienrichtung. Erzählen Sie, wie Sie Ihren ersten Job gefunden haben, und vergessen Sie nicht zu betonen, dass Eigeninitiative und Motivation bei allem eine große Rolle spielten: „Über Praktika hab ich schon während des Studiums wichtige Kontakte geknüpft und Kenntnisse erworben …"

Diesen Gesprächspunkt können Sie vorher wunderbar trainieren. Bitten Sie den Partner oder eine Freundin um Feedback. Achten Sie darauf, dass Sie nicht ins Plaudern kommen, sondern klar strukturiert das Wesentliche erzählen.

Ihre Ausführungen zum Lebenslauf enden mit der Familienphase. Wie gesagt – nicht rechtfertigen! Wichtiger ist, dass Sie in die Zukunft blicken und klarstellen, dass Sie topmotiviert für den Wiedereinstieg sind. Nun wird Ihr Gegenüber möglicherweise die Gelegenheit am Schopf ergreifen und nachhaken:

„Warum möchten Sie wieder arbeiten?"

Weder sollten Sie an dieser Stelle erwähnen, dass Sie unbedingt arbeiten müssen, weil Ihr Mann arbeitslos geworden ist oder Sie verlassen hat, noch sollten Sie erzählen, dass es Ihnen ausschließlich um die Selbstverwirklichung geht. Betonen Sie stattdessen, dass die Berufstätigkeit für Sie zum Leben gehört und Sie jetzt, weil die Kinder alt genug sind, so schnell wie möglich zurück in die Berufstätigkeit möchten.

„Wie alt sind Ihre Kinder? Haben Sie die Kinderbetreuung geregelt?"

Wenn die Kinder bereits im Schulalter sind, haben Sie dies wahrscheinlich im Lebenslauf schon erwähnt. Dann halten sich die Vorbehalte normalerweise in Grenzen. Wenn die Kinder dagegen noch klein sind, hat der Arbeitgeber Angst, dass Sie häufig fehlen werden, um die Kinder zu betreuen. Da Kleinkinder tatsächlich häufig krank sind, müssen Sie ihm die Sorgen nehmen. Weisen Sie darauf hin, dass sich beispielsweise während einer Fortbildung gezeigt hat, dass Ihre Kinderbetreuung tragfähig ist und die Kinder auch bei Krankheit betreut werden können.

„Wie steht Ihr Mann zu Ihrer Berufstätigkeit?"

Auch diese Frage wird manchmal gestellt. Wenn Ihr Partner skeptisch ist, schwindeln Sie ein bisschen. Betonen Sie stattdessen, dass Ihre Familie Ihnen Kraft und Energie für die Arbeit verleiht.

„Wie sieht Ihre Lebensplanung aus?"

Diese Frage gibt Ihnen Gelegenheit, einen Ihrer Trümpfe auszuspielen. Für Sie steht die berufliche Weiterentwicklung im Mittelpunkt, denn Sie haben Ihre Familienplanung bereits abgeschlossen! Der Arbeitgeber braucht keine Angst zu haben, dass Sie wieder davonlaufen, sobald sie gerade eingearbeitet sind. Damit haben Sie im Vergleich zu kinderlosen Frauen um die dreißig einen entscheidenden Vorteil. Falls diese Frage so nicht gestellt wird, weisen Sie an anderer Stelle darauf hin, dass nach der Familienpause der Job für Sie erste Priorität hat.

„Wie viele Stunden können Sie arbeiten? Wie flexibel sind Sie?"

Nicht immer geht aus der Stellenanzeige hervor, welche Arbeitszeiten vorgesehen sind. Eventuell haben Sie sich auch aus lauter Verzweiflung um eine Vollzeitstelle beworben, obwohl Sie nur Teilzeit arbeiten möchten. Wenn Sie sofort klarstellen, dass Sie um 12 Uhr mittags gehen müssen, um Ihren Kindern das Essen zu kochen, haben Sie schon verloren. Wenn es um eine Stelle mit Verantwortung geht, sollten Sie unbedingt Kooperationsbereitschaft und eine gewisse Flexibilität signalisieren.

Eva stieg mit einem Fast-Vollzeitjob wieder ins Berufsleben ein. Nachdem sie eingearbeitet war, bat sie um die Reduzierung der Stundenzahl. Weil der Arbeitgeber auf die engagierte Mitarbeiterin nicht mehr verzichten wollte, gab er nach. Ann Krombholz, Personalverantwortliche bei der Software-Firma Comet Computer, betont ebenfalls, dass man Müttern zwar stark entgegenkommt, aber auf der anderen Seite auch Flexibilität erwartet: „Unsere Mitarbeiterinnen sollten offen sein und Kundenorientierung mitbringen. Wenn der Kunde wartet, muss das Projekt abgeschlossen werden. Wenn der Kindergarten schließt, können Mütter den Laptop mit heimnehmen. Entscheidend ist, dass die Arbeit gemacht wird. Wenn das Projekt unter Dach und Fach ist, kann die Mitarbeiterin dann natürlich auch frei nehmen."

Fragen zum Ausbildungshintergrund und zum Berufseinstieg

Im weiteren Verlauf des Gesprächs steht in der Regel Ihre Berufsausbildung im Mittelpunkt. Hier sollten Sie Begeisterung an den fachlichen Inhalten vermitteln und Ihren bisherigen beruflichen Werdegang als schlüssig und zielführend darstellen.

„Warum haben Sie sich für diese Ausbildung entschieden / dieses Fach studiert / diese Fortbildung gemacht?"

Betonen Sie Ihr fachliches Interesse. Erzählen Sie auf keinen Fall, dass sie keine andere Lehrstelle gefunden haben, dass der Numerus clausus Sie vom Medizinstudium abhielt oder die Arbeitsberaterin Sie in diese Fortbildung drängte.

„Warum haben Sie Ihre Ausbildung damals bei der Firma Hasenclever & Söhne gemacht?"

Jetzt geht es um den Berufseinstieg. Selbst wenn es purer Zufall war, dass Sie in dieser Firma und nicht in einer anderen gelandet sind, erzählen Sie, warum dieses Unternehmen Sie besonders interessiert hat und warum Ihre Bewerbung dort erfolgreich war.

„Haben Sie lieber allein oder im Team gearbeitet?"

Was Sie auf diese Frage antworten, hängt von der Stelle ab, auf die Sie sich bewerben. Wenn Sie im Labor arbeiten sollen, so liegt Ihnen die Arbeit im stillen Kämmerlein. Wenn Sie sich um eine PR-Stelle beworben haben, sollten Sie klar machen, dass Sie ein Mensch sind, der auf andere zugehen kann und gern Teil eines kreativen Teams ist. Beziehen Sie alle Ihre Erfahrungen im professionellen Bereich mit ein, egal ob Lehre, Studium oder sonstige Jobs.

Weitere mögliche Fragen, wenn es auf Ihren Lebenslauf zutrifft

„Warum haben Sie Ihren Arbeitsplatz so häufig gewechselt?"

Wenn ein Bewerber durch Jobhopping auffällt, werden Personaler ganz sicher nachfragen. Wenn es nicht an Ihrer Unstetigkeit lag, sondern an anderen Faktoren, so versuchen Sie diese möglichst ins rechte Licht zu rücken. Möglicherweise waren die Jobwechsel ja mit Karrieresprüngen verbunden oder Sie wollten ganz gezielt möglichst viele Erfahrungen in kurzer Zeit sammeln.

„Warum haben Sie nicht im erlernten Beruf gearbeitet?"

Sie haben eine Familie gegründet und nach der Familienzeit war der erlernte Beruf nicht mehr gefragt. Oder: Während der Familienzeit wurde Ihnen klar, dass Ihre Stärken und Interessen auf anderem Gebiet liegen.

Fragen zur Bewerbung

Natürlich möchte Ihr Gegenüber auch wissen, warum Sie sich für die ausgeschriebene Stelle interessieren und was Sie anzubieten haben. Hier geht es darum, lobende Worte für das Unternehmen zu finden. Gleichzeitig müssen Sie klar machen, warum gerade Sie die Idealbesetzung für die Stelle sind. In dieser Gesprächsphase können Sie auch Ihre Sozialkompetenz ins Spiel bringen.

„Warum haben Sie sich bei uns beworben?"

Selbst wenn es Ihnen in erster Linie um eine Stelle geht und die Firma relativ egal ist – schmeicheln Sie dem Gegenüber. Stellen Sie heraus, warum Sie sich gerade dort beworben haben. Wenn das Unternehmen mit Ihrem ehemaligen Arbeitsplatz vergleichbar ist, betonen Sie die Kontinuität. Wenn Sie sich in einer ganz anderen Branche bewerben, so können Sie durchaus argumentieren, dass Sie während der Familienzeit neue Interessen und Stärken entwickelt haben.

„Wie schätzen Sie Ihre Qualifikation für die Stelle ein?"

Hier könnten Sie folgendermaßen ansetzten: „Die Anforderungen decken sich mit denen meiner letzten Stelle. Inzwischen habe ich folgende Fortbildungen besucht …"

„Warum sollten wir gerade Ihnen diese Stelle geben?"

Wenn diese Frage zusätzlich kommt: Die Fachkompetenz haben Sie bereits untermauert. Nun können Sie auf Anforderungen an die Sozialkompetenz verweisen. „Sie wünschen sich eine Persönlichkeit, die gern im Team arbeitet, die kommunikativ und belastbar ist …" Nun können Sie Beispiele liefern.

„Wie lange möchten Sie bei uns bleiben?"

Betonen Sie, dass Sie keine Jobhopperin sind. Berufsrückkehrerinnen sind tatsächlich loyaler dem Unternehmen gegenüber. Schließlich ist ihre Familienplanung abgeschlossen, und in der Regel setzen arbeitende Mütter auf Kontinuität am Arbeitsplatz.

Fragen zur Sozialkompetenz

Dass Mütter in diesem Bereich auftrumpfen können, wissen wir bereits. Wie es ankommt, wenn Sie alle Beispiele nur mit Mutterkompetenzen belegen, hängt vom Gegenüber ab. Das erspüren Sie sicher intuitiv. Versuchen Sie auf jeden Fall, in erster Linie Beispiele aus dem beruflichen oder ehrenamtlichen Bereich zu finden, die Sie eventuell durch weitere Beispiele aus dem Familienbereich unterstreichen. Dass Ihre Stärken in Sachen Sozialkompetenz durch die Familienzeit gewachsen sind, ist wahrscheinlich auch dem coolsten Personalchef klar. „Wir wissen Mutterkompetenzen zu schätzen. Mütter können mit Stress umgehen, sind kommunikativ", hat Ann Krombholz von Comet erfahren.

Wenn Ihre Berufserfahrung zu lange zurückliegt und Sie auch nicht mit Erfahrungen aus dem Ehrenamt auftrumpfen können, stellen Sie Ihre Mutterkompetenzen dar und geben Sie einen Ausblick, wie Sie diese Stärken auch im Sinne des Unternehmens einsetzen könnten. Manchmal kommt es auch gut an, wenn Sie Turbulenzen aus dem Familienalltag schildern, um Ihre Belastbarkeit zu unterstreichen. Eine humorvolle Szene trägt auf jeden Fall dazu bei, dass Sie dem Personalchef in Erinnerung bleiben. Aber übertreiben Sie es nicht: Sobald Sie das Thema Familie überstrapazieren, schlägt der Vorteil ins Gegenteil um. Dass sich die Kompetenzen einer Mutter mit Anforderungen an Manager decken, haben wir auch schon festgestellt. Auch das sollten Sie nicht überbetonen.

„Soziale Kompetenzen, die sie während der Familienzeit erworben haben, sollten Frauen unbedingt ins Spiel bringen. Wenn Sie aber vorgehen wie die Serienheldinnen im Fernsehen und den Umgang mit quengelnden Kindern und nörgelnden Handwerkern als Managementkompetenz ins Spiel bringen, machen Sie sich lächerlich“, warnt Angelika Pabst, die Beauftragte für Chancengleichheit am Arbeitsmarkt des Münchner Arbeitsamtes.

„Wo liegen Ihre Stärken?“

Eine Frage, die sehr wahrscheinlich kommt. Schauen Sie nochmals Ihr Kompetenzprofil an. Wo ist es Ihnen ganz leicht gefallen, Beispiele zu finden? Finden Sie Beispiele für drei Stärken.

„Was schätzen Ihre Kollegen, Familie, Freunde besonders an Ihnen?“

Es wird Ihnen sicher nicht schwer fallen, Antworten auf diese Fragen zu finden.

„Wo haben Sie Schwächen?“

Vermitteln Sie den Eindruck, dass Sie sich mit Ihren Kompetenzen auseinander gesetzt haben. Sie wissen sicher ziemlich genau, wo es bei Ihnen klemmt. Hier müssen Sie nicht unbedingt drei Schwächen nennen. Wählen Sie eine aus und schwächen Sie diese ab: „Früher hatte ich manchmal Schwierigkeiten, mit Kritik umzugehen. Ich hatte während meiner Tätigkeit für einen Mobilfunkanbieter auch sporadisch mit Beschwerdemanagement zu tun. Die manchmal sehr harten Vorwürfe der Kunden habe ich zu persönlich genommen. Inzwischen habe ich aber einen Kurs zum Thema Konfliktmanagement absolviert und fühle mich nun gewappnet.“ Sie haben Ihre Schwächen erkannt und arbeiten daran – das will Ihr Gegenüber hören.

Wenn Sie nach einem weiteren Schwachpunkt gefragt werden, versuchen Sie es mit Humor. Wie aus der Pistole geschossen antwortete Marina auf diese Frage: „Ich bin kaffeesüchtig und brauche mindestens eine Kanne pro Vormittag.“ Die schlagfertige Antwort brachte ihr Sympathiepunkte ein und der Personalverantwortliche bohrte nicht weiter.

„Welches war Ihr größtes Erfolgserlebnis?"

Auch hier sollten Sie sich eine Geschichte bereitlegen.

„Wie gehen Sie mit Misserfolgen um?"

Hier könnten Sie Ihre Lernfähigkeit durch Familienerfahrung demonstrieren: Früher haben Misserfolge Sie eine ganz Weile beeinträchtigt. Durch die Familienerfahrung sind Sie kämpferischer geworden und arbeiten hart daran, nicht vorzeitig aufzugeben, um den Misserfolg doch noch abzuwenden.

Tabu-Fragen

Leider kommt es immer wieder vor, dass Ihnen unzulässige Fragen gestellt werden. Diese können Sie zurückweisen oder alternativ nicht beziehungsweise nicht wahrheitsgemäß beantworten. Dazu gehört die Frage nach einer Schwangerschaft. Das ist diskriminierend und vom Gesetzgeber verboten. Antworten Sie in jedem Fall mit Nein.

Gleiches gilt für Fragen nach Ihrer Konfession, Gewerkschaftszugehörigkeit oder Parteibuch. All diese Auskünfte sind nicht zulässig, außer Sie bewerben sich bei einer Partei, einer kirchlichen Organisation oder der Gewerkschaft. Tabu sind weiterhin Fragen nach Ihrem Gesundheitszustand – es sei denn, Sie haben einen Behindertenausweis –, nach Straf- und Ermittlungsverfahren und Vermögensverhältnissen.

Manchmal werden diese Fragen gestellt, um auszutesten, ob Sie unter Stress geraten. Statt entrüstet zu reagieren, gehen Sie auf diese Fragen so diplomatisch wie möglich ein.

Oft wird auch die Frage nach dem Wunschgehalt gestellt. Überlegen Sie also vorher gut, wie viel Sie verdienen möchten. Informieren Sie sich über die üblichen Gehälter in Ihrer Branche und geben Sie das gewünschte Brutto-Jahresgehalt an.

Natürlich gibt es weitere mögliche Fragen, aber anhand der Beispielfragen haben Sie einen guten Überblick über die Bereiche, aus denen die Fragen kommen. Bitten Sie Ihren Partner oder eine Freundin, mit Ihnen eine Bewerbungssituation durchzuspielen.

Styling

Ein gelungenes Outfit ist die halbe Miete. Kleidung und Körpersprache tragen mit mehr als 50 Prozent ganz entscheidend zum ersten Eindruck bei. Was genau Sie tragen, ist Typsache. Ganz wichtig ist, dass Sie sich nicht verkleiden, sondern sich wohl fühlen. Dass die Kleidung sauber und gepflegt ist, versteht sich von selbst. Aber hüten Sie sich, kurz vor dem Termin mit einer neuen Frisur oder Haarfarbe zu experimentieren.

Im Zweifelsfall kleiden Sie sich lieber over- als underdressed, ein Hosenanzug ist eigentlich immer passend. Achten Sie darauf, dass die Schuhe keine abgetretenen Absätze haben. Seidenstrümpfe sind heikel, weil sie garantiert immer dann, wenn es drauf ankommt, Laufmaschen reißen. Enge Lederoutfits kommen ähnlich schlecht an wie superkurze Minis oder ausgelatschte Turnschuhe. Bei Schmuck und Make-up gilt: Weniger ist mehr. Wählen Sie ein Outfit, in dem Sie sich wohl fühlen – auch wenn es schon älter ist. Das ist auf alle Fälle besser, als auf ein neues Kostüm zu setzen, das kneift und knittert. Die Kleidung muss aber auch zum Unternehmen passen. Wer im kleinen Handwerksbetrieb im Gucci-Kostüm anrückt, hat ebenso schlechte Karten wie eine Bewerberin im Hippie-Look in den heiligen Hallen einer internationalen Bank.

Dass Sie absolut pünktlich sind, versteht sich von selbst. Am besten, Sie fahren den Weg zum Unternehmen vorher ab. Dann wissen Sie, wie lange sie brauchen, ob mit Staus zu rechnen ist, ob es Parkplatzprobleme gibt. In dem Fall fahren Sie – wenn das möglich ist – lieber öffentlich.

Warming-up

„Haben Sie gut hergefunden?“, so beginnt das Gespräch sehr häufig. Selbst wenn Sie sich ständig verfahren haben und ewig nach einem Parkplatz gesucht haben, verschweigen Sie das besser. Es geht hier nicht um die Parkplatzsituation, sondern um eine Begrüßungsfloskel. Vielleicht bietet man Ihnen Kaffee an. Wenn Sie nervös sind, lehnen Sie besser ab: Kaffeeflecken auf einer hellen Bluse verderben Ihnen ganz sicher die Lust am Gespräch.

Wie viele Menschen Ihnen gegenübersitzen, hängt von der Firma und der ausgeschriebenen Position ab. Wenn es mehrere sind, versuchen Sie, sich die Namen zu merken. Sie dürfen Notizen machen und auf Notizen, die Sie sich im Vorfeld gemacht haben, zurückgreifen. Meist wird das positiv bewertet, weil Sie Interesse signalisieren.

Stimme und Körpersprache

Körpersprache: Es gibt dicke Bücher darüber, wie Sie sich bewegen sollten, um Offenheit und Sympathie zu signalisieren. Entscheidend ist es, sich nicht zu verstellen. Wenn Sie sich nur mit übereinander geschlagenen Beinen wohl fühlen, so wird das nicht zu Ihrem Nachteil sein. Dass Sie Blickkontakt halten, aufrecht sitzen und aktiv zuhören, ist viel wichtiger.

Eine schöne Stimme ist ein Sympathieträger. Wenn Sie Ihnen in Stresssituationen versagt, thematisieren Sie das ruhig. Dass Sie aufgeregt sind, versteht jeder. Versuchen Sie, langsam und deutlich zu sprechen und Pausen zu machen.

Gesprächsverhalten

Geraten Sie nicht ins Plaudern. Fallen Sie dem Gesprächspartner nicht ins Wort. Zeigen Sie ihm, dass Sie gut zuhören können, und antworten Sie gezielt auf die Frage. Versuchen Sie, typisch weibliche Elemente aus Ihrem Wortschatz zu tilgen. Frauen lieben es, im Konjunktiv zu sprechen („Ich würde sagen …"). Sagen Sie einfach, was Sie denken. Sie demonstrieren wenig Selbstbewusstsein, wenn Sie jeden Satz mit „ich glaube" oder „vielleicht" beginnen. Auch das Wörtchen „eigentlich" sollten Sie aus Ihrem Wortschatz streichen. Sagen Sie nicht: „Eigentlich wollte ich schon viel früher wieder einsteigen …" oder „eigentlich wollte ich ja studieren …". Sie haben all das nicht getan, es lässt sich nichts daran ändern. Eine zögerliche Persönlichkeit kommt nicht gut an.

Demonstrieren Sie Ihr Interesse, indem Sie Fragen stellen

Fragen Sie, welche Erwartungen das Unternehmen mit diesem Arbeitsplatz verknüpft, was von dem Mitarbeiter erwartet wird. Sie dürfen auch nach den überfachlichen Anteilen fragen.

- Welche Ziele verbindet das Unternehmen mit der Stelle? (Dahinter steckt die Frage, ob die Stelle sicher ist oder wegrationalisiert wird.)
- Wie setzt sich das Team zusammen?
- Wer ist Ihnen gegenüber weisungsbefugt?
- Wie verläuft die Einarbeitung?
- Gibt es Weiterbildungsmöglichkeiten?

Bravo! Sie haben sich tapfer geschlagen. Danken Sie für das Gespräch, verabschieden Sie sich mit einem offenen Lächeln und erkundigen Sie sich, wann das Bewerbungsverfahren beendet sein wird. Zwei bis vier Wochen nach dem Gespräch dürfen Sie anrufen und sich nach dem Stand der Dinge erkundigen.

Christine Öttl / Gitte Härter
Vorstellungsgespräche. Souverän ans Ziel kommen
Gräfe und Unzer Verlag 2004

Vor- und Nachbereitung von Gesprächen und Strategien für erfolgreiche Gespräche. Übersichtlich und sinnvoll strukturiert.

Ich hab den Job!

„Guten Tag Frau Schneider, hier ist Müller, Personalabteilung Hasenclever & Söhne. Ich habe eine gute Nachricht für Sie. Wir haben uns für Sie entschieden. Herzlichen Glückwunsch." Wenn Sie diesen heiß ersehnten Anruf bekommen und Ihnen kurz darauf der Arbeitsvertrag ins Haus flattert, haben Sie es geschafft!

Für Hannelore (40), die sich initiativ und kreativ in einem Architekturbüro beworben hatte, war der Tag, als sie den Arbeitsvertrag unterschrieb, einer der schönsten Tage ihres Lebens. „Ich musste ganz neu lernen, auf eigenen Beinen zu stehen. Am Anfang wackelte ich noch etwas, doch dann stieg mein Selbstwertgefühl von Tag zu Tag. Ich blühte auf." Nach drei Jahren wurde sie arbeitslos. Die betriebsbedingte Kündigung traf sie hart. Der Markt für Architekten ist leer gefegt. Kein Grund für Hannelore, den Kopf in den Sand zu stecken. Sie macht eine Fortbildung zur Immobilienmanagerin und erwirbt neue Kompetenzen. „Heutzutage haben Menschen im Laufe ihres Lebens mehrere Berufe", sagt sie. „Ich habe es einmal geschafft, es wird wieder klappen. Ich bin offen für vieles."

Wir wünschen Ihnen alles Gute … Vom Umgang mit Absagen

Es war alles gut gelaufen, Sie hatten sich wohl gefühlt im Vorstellungsgespräch und sich gute Chancen ausgerechnet. Und jetzt liegt die Absage im Briefkasten. Der Text ist freundlich und unverbindlich: „Wir wünschen Ihnen alles Gute für die Zukunft …" Sie waren doch nur einen Textbaustein wert, kein persönliches Wort.

Auch wenn das bitter ist und Sie erst einmal die Enttäuschung verarbeiten müssen – die Ausgangssituation für weitere Bewerbungen ist bestens, wenn Sie es schon einmal zum Vorstellungsgespräch geschafft haben. Es kann auch hilfreich sein, wenn Sie nochmals anrufen und nachfragen, warum man sich gegen Sie entschieden hat. Das kostet Überwindung, aber lohnt sich oft. Fragen Sie offen und interessiert: „Ich möchte gern in Zukunft erfolgreicher sein mit meiner Bewerbung, was kann ich besser machen?" Nun ist die Chance gut, dass Sie auch eine ehrliche Antwort bekommen. Meist ist es nur eine Kleinigkeit, die für die Mitbewerberin sprach.

Manchmal setzen Absagen auch positive Energie frei. Doris (37) fand ihren Job durch die Wut im Bauch. Sie und ihr Mann arbeiteten beide projektbezogen im Medienbereich und wechselten sich bei der Betreuung des kleinen Sohnes ab. Mit der Krise in der Medienbranche kamen weniger Aufträge und damit finanzielle Sorgen. Doris setzte Hoffnung auf eine Festanstellung, erkämpfte sich in der Arbeitsagentur eine Fortbildung und schrieb 150 Bewerbungen. Nichts ging. „Als ich eines Tages wieder vier braune Umschläge im Briefkasten fand, hat mich die Wut gepackt", erzählt sie. „Bei der nächsten interessanten Stelle habe ich einfach angerufen und ganz frech meinen Besuch angekündigt. Die Personalchefin hat selbst ein kleines Kind, irgendwie mochten wir uns und ich hatte den Job." Seit über einem Jahr arbeitet sie in der PR-Abteilung des Unternehmens.

Ich gehör doch schon zum alten Eisen (Frauen über 40)

Eine ganz besonders große Ladung Selbstbewusstsein brauchen Frauen, die beim Wiedereinstieg die 40 schon überschritten haben. Dabei ist das eigentlich ein wunderbarer Lebensabschnitt. Die Unrast der frühen Jahre ist verschwunden, Sie sind eine gefestigte Persönlichkeit und haben viel erreicht. Doch bei der Jobsuche kommen Zweifel: „Ich gehör doch schon zum alten Eisen, wer stellt mich denn noch ein …", bekomme ich oft zu hören. Viele Bewerber müssen tatsächlich die Erfahrung machen, dass der Jugendkult den Arbeitsmarkt dominiert. Doch das ist kein Grund, den Kopf in den Sand zu stecken.

Eine Studie des Büros für Berufsrückkehrerinnen in München kam zu dem Ergebnis, dass Wiedereinsteigerinnen zwischen 40 und 45 am häufigsten eine Stelle fanden. Mehrere Frauen, die ich interviewte, waren über 40, als sie nach langer Pause zurück in den Beruf fanden. Haben reifere Frauen vielleicht auch etwas zu bieten, was jüngere Frauen nicht haben? Tatsächlich hat die reife Frau viele Trümpfe in der Hand: Sie verfügt über Berufserfahrung und Lebenserfahrung. Sie ist gelassen, kann Prioritäten setzen, den Überblick behalten. Sie besitzt in der Regel eine höhere Loyalität zum Unternehmen.

Uwe H. suchte eine Bürohilfe für seinen Handwerksbetrieb. Er wünschte sich gezielt eine Mitarbeiterin zwischen 40 und 50 mit abgeschlossener Familienplanung. Er wollte keine Jobhopperin, die nach kurzer Zeit die Stelle wechselt. Also keine junge Frau, die wegen Schwangerschaft ausfällt, der Liebe wegen wegzieht oder den ausschließlich männlichen Mitarbeitern des Handwerksbetriebs den Kopf verdreht. Er suchte vielmehr eine reife, gelassene Persönlichkeit, „die meinen Jungs auch mal den Kopf wäscht und bei Stress nicht den Kopf verliert, sondern Gelassenheit bewahrt". Er hat seine Idealbesetzung gefunden, eine Mutter von zwei größeren Kindern, die alle gewünschten Schlüsselqualifikationen mitbrachte. E-Mails zu schreiben hat sie schnell gelernt.

„Mir bibberten die Knie", erzählt Franziska (47), „als ich auf dem Weg ins Personalbüro war. Doch alle waren ganz nett zu mir." Die Mutter von zwei Söhnen ist das Vorzeigemodell einer Berufsrückkehrerin. Ihre Erfolgsgeschichte ist fast zu schön, um wahr zu sein, und könnte Stoff für eine Vorabendserie sein. Fast zwanzig Jahre hatte die gelernte Bürokraft kein Büro von innen gesehen. Als ihre beiden Söhne aus dem Gröbsten heraus waren, bewarb sie sich als Tagesmutter. Sie blieb es 16 Jahre lang und genoss es, zu Hause bei den Kindern zu sein und trotzdem Geld zu verdienen. „Nachdem meine Kinder dann aber im Teenageralter waren, hatte ich keine Lust mehr, immer noch über Kleinkinderspielsachen zu stolpern und Windeln zu wechseln."

Inzwischen war sie fast 45 Jahre alt, die Angst vor neuen Herausforderungen war riesengroß. Und doch entdeckte Sie einen völlig neuen Bereich für sich, als der älteste Sohn für ein Jahr nach Amerika ging und sich per E-Mail meldete. Franziska entdeckte ihre Faszination für das Internet. Plötzlich kannte sie ihren Traumberuf – Webdesignerin. In einem sechsmonatigen Kurs wurde sie zur Webdesignerin umgeschult und gleich die erste Bewerbung war erfolgreich. „Keinen Menschen hat interessiert, dass ich 20 Jahre zu Hause war", berichtet sie. „Ich arbeite in einem super Team, bin so ein bisschen die Mutti der Kompanie und bin jeden Tag glücklich, dass ich den Mut hatte, meinen Tagesmutterjob nach 16 Jahren zu schmeißen."

„Berufsrückkehrerinnen sind hoch motiviert und zuverlässig. Oft werden sogar ältere Mitarbeiterinnen bevorzugt, weil sie ihre Familienphase abgeschlossen haben, Ruhe ausstrahlen und damit das Betriebsklima verbessern", berichtet eine Mitarbeiterin des Amtes für Familienförderung. Ann Krombholz von Comet Computer unterstreicht das: „Ein Team, das nur aus Hochschulabgängern besteht, ist zum Scheitern verurteilt. Wir setzen auf altersgemischte Teams und schätzen ältere Frauen als ruhenden Pol.

4.5 Zeitarbeit als Sprungbrett in den Job

„Zeitarbeit, ja ist das denn seriös?“, fragen sich viele Jobsuchende unsicher. Zeitarbeit ist tatsächlich viel besser als ihr Ruf und gerade für Berufsrückkehrerinnen eine interessante Einstiegsmöglichkeit. Die Leih- oder ZeitarbeiterInnen sind bei Ihrer Zeitarbeitsfirma fest angestellt und werden an deren Kunden verliehen. Seriöse Unternehmen sind durch die Mitgliedschaft im Bundesverband „Zeitarbeit Personal-Dienstleistungen e. V.“ (BZA) zu erkennen. Dort bekommen Zeitarbeiter einen Arbeitsvertrag, ein regelmäßiges Gehalt und selbstverständlich auch bezahlten Urlaub, Krankengeld, Sozialversicherungs- und Rentenbeiträge.

Auch wenn der Arbeitsplatz wechselt, der Arbeitgeber bleibt. Zeitarbeitsfirmen stellen Vertreter, wenn Mitarbeiter für längere Zeit wegen Krankheit oder Mutterschaftsurlaub ausfallen. Zeitarbeiter müssen flexibel sein, dafür lernen sie unterschiedliche Arbeitsplätze kennen, machen sich mit unterschiedlichen Aufgaben vertraut. Ein Wermutstropfen bei diesem System ist das Gehalt, das rund 20 oder 30 Prozent unter dem der direkt angestellten Kollegen liegt. Schließlich verdient die Zeitarbeitsfirma an der Differenz.

Dass nur ungelernte Arbeiter über Zeitarbeitsfirmen vermittelt werden, ist ein Gerücht. Selbst Jobs für Hochschulabgänger gibt es. Aber auch bei Zeitarbeitsfirmen macht sich die schlechte wirtschaftliche Lage bemerkbar, es wird längst nicht jeder Bewerber genommen. Dennoch sind die Chancen besser, da immer mehrere Arbeitskräfte gleichzeitig gesucht werden. Manchmal werden Einstellungstest durchgeführt, um die Computer- oder Sprachkenntnisse zu überprüfen.

Im Vorfeld sollte abgeklärt werden, für welche Arbeiten Sie eingesetzt werden und in welchem Umkreis vom Wohnort der Einsatzplatz liegen darf. Der Arbeitsvertrag wird unterschrieben, sobald der erste Auftrag für die Bewerberin gefunden ist. Sind Sie erst einmal angestellt, zahlt die Zeitarbeitsfirma auch in Beschäftigungspausen oder lässt Überstunden abbauen, die sich auf Ihrem Arbeitszeitkonto angesammelt haben.

Ein Beschäftigungsverhältnis kann ein paar Tage oder mehrere Jahre dauern. Ein massiver Nachteil ist sicher, dass man sich den Arbeitsplatz nicht selbst aussuchen kann. Außerdem ist es schwierig, langfristige Verbindungen zu Kollegen aufzubauen oder aufzusteigen. Aber: „Rund 30 Prozent aller Mitarbeiter werden Jahr für Jahr vom Entleihbetrieb in ein eigenes Anstellungsverhältnis übernommen“, berichtet Thomas Läpple, der Pressesprecher von der BZA. Als Sprungbrett zurück ins Berufsleben ist Zeitarbeit also durchaus geeignet. Informationen erhalten Sie beim Bundesverband Zeitarbeit Personal-Dienstleistungen e. V. unter www.bza.de.

5. Der sanfte Einstieg. Von Teilzeitstellen, Minijobs und flexiblen Jobmodellen.

Ich möchte Frauen Mut machen, nicht auf die Stelle fürs Leben zu warten, sondern sich selbst Jobs zu suchen.

(Sophie)

Zurück in den Job – ja. Im Eiltempo von der Familienzeit in die Vollzeitstelle – nein. Die meisten Frauen wünschen sich die sanfte Rückkehr in den Beruf über eine Teilzeitstelle. Kein Wunder – eine Teilzeitstelle ermöglicht es in der Regel, Beruf und Familie bestens zu vereinbaren. Und Untersuchungen haben ergeben, dass Frauen, die Teilzeit arbeiten, zufriedener mit ihrem Leben sind als Vollzeitmütter oder Frauen, die Vollzeit arbeiten.

So wie Teilzeitstellen viele Vorteile haben, so bergen sie auch klare Nachteile. Denn nach wie vor sind es hauptsächlich Frauen, die Teilzeit arbeiten sowie Gehaltseinbußen und Karriererückschritte hinnehmen müssen, nicht die Männer. Und – Teilzeitstellen sind rar.

Minijobs sind geringfügige Beschäftigungsverhältnisse, die unbürokratisch gehandhabt werden und gerade für Frauen mit noch kleinen Kindern eine Brücke zur Festanstellung schlagen.

Heutzutage gibt es aber auch immer mehr variable Beschäftigungsverhältnisse. Neben Teilzeitjobs kennen mehr und mehr Frauen Zwei- und Mehrfachbeschäftigungen, kombinieren das feste Arbeitsverhältnis mit der Teilzeit-Selbstständigkeit, den Minijob mit Projektarbeit. In dem Maße, in dem sich Arbeitsmärkte wandeln, wird der Job fürs Leben seltener – wer flexibel ist und bereit, ein Leben lang zu lernen, wird langfristig erfolgreich sein.

5.1 Pro und contra Teilzeit

Die meisten Mütter wünschen sich eine Teilzeitstelle. Wie Untersuchungen gezeigt haben, sind Mütter, die in Teilzeit arbeiten, zufriedener als Mütter, die Vollzeit arbeiten oder ihre Kinder betreuen. Teilzeitangestellte können leichter

Anschluss an den Beruf halten, weil die Arbeitszeiten meist mit den Öffnungszeiten der Betreuungseinrichtungen zu vereinbaren sind. Außerdem bleibt neben dem Job genügend Zeit für Haushalt und Familie. Das wiederum hält den Stress in Grenzen und steht für mehr Lebensqualität.

Auf der anderen Seite sollten auch die Nachteile von Teilzeitstellen nicht außer Acht gelassen werden. Weniger Arbeit bedeutet natürlich auch weniger Geld. Frauen in einer ungünstigen Steuerklasse müssen in Kauf nehmen, dass vom Gehalt nach den Steuern oft wenig übrig bleibt.

Mitarbeiter, die nur wenige Stunden in der Firma verbringen, haben natürlich auch weniger Kontakt zu Kollegen und nehmen sich seltener Zeit für ein „Schwätzchen". Auch werden Teilzeitkräfte oft nicht ganz ernst genommen und werden als „dazuverdienende Mutter" abqualifiziert. Halbe Stellen bekommen eben nur die halbe Aufmerksamkeit. Dabei weiß man, dass Teilzeitkräfte im Verhältnis zur Arbeitszeit oft mehr leisten als Vollzeitkräfte, weil die wenige Zeit effektiver genutzt werden muss.

Teilzeit geht für gut ausgebildete Frauen fast immer mit dem viel zitierten Karriereknick einher. Obwohl sie effektiv arbeiten, bekommen sie oft zu wenig vom Betrieb mit – vor allem, wenn es um wichtige Entscheidungen geht: „Ach schade, Frau Mayer, dass Sie bei unserem Meeting gestern Abend nicht anwesend waren. Jetzt sind Sie leider nicht auf dem neuesten Stand."

Qualifizierte Stellen gelten nach wie vor oft als „nicht teilbar". Und schließlich: Teilzeit ist immer noch Sache der Frauen. Im Falle einer Trennung stehen Frauen eindeutig schlechter da – sie erwirtschaften weder ein ausreichendes Einkommen noch eine tragfähige Altersversorgung. Wägen Sie deshalb sorgsam ab. Mit ein bisschen Glück erkämpfen Sie eine Stelle, die mit dem Alter und der Unabhängigkeit der Kinder wächst.

Teilzeitstellen sind Mangelware

Fast alle Mütter möchten Teilzeit arbeiten, doch viele haben nicht die Möglichkeit dazu. Viele Interviewpartnerinnen erzählten, dass die Rückkehr in die alte Firma nicht möglich war, weil keine Teilzeitstellen angeboten wurden. Teilzeit wird oft genug immer noch als Geschenk des Arbeitgebers an die Mitarbeiterin angesehen.

Birgit (44), gelernte Immobilienkauffrau, hatte vor der Geburt ihrer heute siebenjährigen Tochter im Ausland gelebt und als Hotelkauffrau gearbeitet. In diesen

Beruf, der ihr viel Spaß gemacht hatte, konnte sie nicht zurück. Schichtdienste im Hotel lassen sich kaum mit einer Familie vereinbaren. Immobilienkaufleute dagegen wurden gesucht, als sie vor drei Jahren wieder zurück in den Beruf wollte. „Wenn ich bereit gewesen wäre, Vollzeit zu arbeiten, hätte ich die Qual der Wahl gehabt", erzählt sie. So dauerte es ein halbes Jahr, bis sie eine 30-Stunden-Stelle gefunden hatte. „Ein absoluter Glücksfall", räumt Birgit ein. Wie so viele andere Mütter beklagt sie fehlende Aufstiegschancen für Teilzeitkräfte. Neuerdings drückt sie abends wieder die Schulbank und bildet sich neben dem Job zur Immobilienmanagerin weiter, denn wenn ihre Tochter ein paar Jahre älter ist, möchte sie den Sprung in die Selbstständigkeit wagen.

Birgits Erfahrungen teilen viele Frauen. Vor dem Gesetz sieht das allerdings seit einigen Jahren ganz anders aus.

Teilzeit und Karriereknick

„Ich bin ehrgeizig", gibt Eva (41) zu, „aber Teilzeit und Karriere, das geht nicht zusammen." Die promovierte Juristin stammt aus Südamerika, wo es kein Widerspruch ist, Familie zu haben und Karriere zu machen. „Staatliche Betreuungsangebote für Kinder sind bei uns nicht nur ausgezeichnet, sondern auch bezahlbar und darüber hinaus springt die Großfamilie ein, wenn es brennt. Hier frisst die Gebühr für Kindergärten ja oft das ganze Teilzeitgehalt auf", stöhnt die Mutter von zwei Töchtern.

Vor der Familienzeit war sie Ausbilderin in einem Versicherungsunternehmen. „Inhaltlich spannend, vom Arbeitsklima her anstrengend", fasst sie die Erfahrung zusammen. In die alte Firma wollte sie nicht zurück, aber die Beschränkung auf die Familienarbeit fiel der temperamentvollen Juristin schwer. Durch kleine Projekte hielt sie sich fachlich auf dem Laufenden. Als die jüngste Tochter ein Jahr alt war, ging sie auf Jobsuche und wurde fündig. Bedingung für den neuen Job war jedoch, dass sie mindestens 80 Prozent arbeitete. „Damit wollte man wohl austesten, ob meine Kinderbetreuung funktioniert und ich als Arbeitnehmerin mit Kindern tragbar bin", vermutet sie.

Nach einem halben Jahr war Eva am Ende. Die älteste Tochter war gut betreut im Kindergarten, aber die Jüngste fühlte sich in der Krippe einfach nicht wohl. Eva war hin- und hergerissen zwischen schlechtem Gewissen der Tochter gegenüber und dem Willen, im Job erfolgreich zu sein. Eine nicht berufstätige Freundin mit einem Kind im Alter von Evas Tochter sprang als Tagesmutter ein. „Überhaupt – ohne mein Mütternetzwerk wäre das Experiment Fast-Vollzeitstelle gescheitert", gesteht sie. Eva stellte die Firma vor die Wahl: „Entweder ich arbeite 50 Prozent oder ich gehe." Die Firma gab nach.

Heute genießt Eva flexible Arbeitszeiten, aber inhaltliche Herausforderungen vermisst sie. „Weil ich als Teilzeitkraft keine Aufstiegschancen habe, nutze ich jede Gelegenheit, mich zu profilieren: Ich reiße Vorträge an mich, arbeite mich in fachfremde Themen ein." Wenn die Kinder größer sind, möchte Eva zurück in die Ausbildung oder hinein in die Kommunikationsabteilung. Doch das geht nur in Vollzeit.

Teilzeit-Karriere ist machbar

Dass eine Teilzeitbeschäftigung nicht unbedingt den Abschied von Aufstiegschancen bedeuten muss, zeigen flexible Arbeitsmodelle, die in der freien Wirtschaft leider noch immer viel zu selten aufgegriffen werden. Der öffentliche Dienst ist da viel weiter.

Monika (49) hatte nie Probleme, eine Teilzeitstelle zu finden. Das liegt an der Branche – sie ist Sozialpädagogin. Seit einigen Jahren hat sie eine Leitungsstelle im öffentlichen Dienst – auch in Teilzeit. Monika hat am Montag frei, die Kollegin, mit der sie das Büro teilt, am Freitag. An den anderen Tagen sind sie beide da. Die beiden Job-Sharing-Partnerinnen mögen sich. „Wir haben den gleichen Führungsstil, das ist wichtig", erklärt Monika, „aber Konkurrenz bleibt nicht aus. Jede von uns möchte die beliebteste Chefin sein." Neben den idealen Arbeitszeiten hat die besondere Situation einen großen Vorteil: „Wir sind nicht einsam an der Spitze, sondern können uns absprechen, wenn große Projekte zu stemmen sind." Auch der Arbeitgeber profitiert: Wenn eine der beiden Führungskräfte krank ist, kann die andere einspringen.

Auch bei Comet in München schließen sich Teilzeitstelle und Führungsposition nicht aus. „Entscheidend für uns sind die Fähigkeiten einer Frau, nicht wie viel Zeit sie in der Firma verbringt", erklärt Ann Krombholz, die Kommunikationsmanagerin und Personalverantwortliche des Software-Unternehmens.

5.2 Das Recht auf Teilzeit

Seit dem 1. Januar 2001 sind Arbeitgeber verpflichtet, einen Arbeitsplatz, den sie öffentlich oder intern ausschreiben, auch als Teilzeitarbeitsplatz anzubieten, wenn sich der Arbeitsplatz hierfür eignet (§ 7 Abs. 1 Teilzeit- und Befristungsgesetz –

TzBfG). Das neue Gesetz soll dazu beitragen, Teilzeitarbeit aufzuwerten. Besonders interessant sind die neuen Regeln für Berufsrückkehrerinnen – während und nach der Elternzeit.

Das **Reformgesetz zum Bundeserziehungsgeldgesetz** (§ 8 Abs. 1 TzBfG) betrifft das Arbeitsverhältnis während der Erziehungszeit, das **Gesetz über Teilzeitarbeit und befristete Arbeitsverträge** gilt für BerufsrückkehrerInnen nach der Elternzeit.

Ebenfalls seit dem 1. Januar 2001 haben Arbeitnehmer gegenüber ihrem Arbeitgeber einen Anspruch auf Verringerung ihrer Arbeitszeit. Voraussetzung ist lediglich, dass die Arbeitnehmerin schon mindestens sechs Monate im Unternehmen tätig war und dass der Wunsch nach Verkürzung der Arbeitszeit mindestens drei Monate vorher angekündigt wurde. Der Arbeitgeber kann den Wunsch nach Teilzeitarbeit nur ablehnen, wenn betriebliche Gründe dagegen sprechen, wenn die Organisation des Arbeitsablaufs erheblich erschwert würde oder die Kosten für den Arbeitgeber unverhältnismäßig hoch wären. **Achtung:** Der Anspruch besteht nicht gegenüber Arbeitgebern mit bis zu 15 Beschäftigten (Auszubildende werden nicht mitgezählt).

Teilzeitarbeit im Arbeitsrecht

Arbeitsrechtlich ändert sich wenig, wenn aus einer Vollzeitstelle eine Teilzeitstelle wird. Voraussetzung: Sie arbeiten regelmäßig mindestens 15 Stunden pro Woche.

Urlaub: Das Bundesurlaubsgesetz gewährt Teilzeitbeschäftigten Urlaubsansprüche unter den gleichen Voraussetzungen und in entsprechendem Umfang wie Vollzeitbeschäftigten.

Krankenversicherung: Teilzeitbeschäftigte sind generell gesetzlich krankenversichert.

Entgeltfortzahlung im Krankheitsfall: Der gesetzliche Anspruch auf Entgeltfortzahlung im Krankheitsfall bis zu sechs Wochen bleibt unangetastet.

Gehalt: Wer als Teilzeitkraft nur noch die Hälfte der regelmäßigen Arbeitszeit beschäftigt ist, erhält auch nur noch die Hälfte eines vergleichbaren Vollzeitlohnes. Da bei sinkendem Einkommen aber die Einkommensteuer niedriger ist, fällt die Reduzierung des Nettolohns prozentual schwächer aus als die Bruttolohn-Kürzung. Dies gilt auch für die meisten tariflichen Zusatzleistungen wie Urlaubsgeld, Weihnachtsgeld oder vermögenswirksame Leistungen.

Arbeitslosen- und Rentenversicherung: Die Ansprüche aus der Arbeitslosen- und Rentenversicherung verringern sich, denn es werden auch geringere Beiträge eingezahlt.

Teilzeit Arbeitende dürfen gegenüber Vollzeitbeschäftigten auch nicht benachteiligt werden:

- Teilzeitarbeiter haben ebenso wie Vollzeitkräfte ein Recht auf Teilnahme an angemessenen Aus- und Weiterbildungsmaßnahmen.
- Teilzeitarbeit ist keine Arbeit zweiter Klasse und auch kein Karrierehindernis. Eine Beförderung darf nicht deshalb verweigert werden, weil ein Arbeitnehmer Teilzeit arbeitet.

Was tun, wenn der Arbeitgeber dem Antrag auf eine Teilzeitstelle aus „wichtigen“ Gründen nicht stattgibt? Sie können Widerspruch einlegen. Dieser Widerspruch mündet in der Regel in einem Arbeitsprozess. Selbst wenn der Prozess gewonnen wird und die Teilzeitstelle erstritten – es braucht nicht viel Fantasie, um sich vorzustellen, wie sich ein Prozess auf das Arbeitsklima auswirken würde. Wahrscheinlich ist es besser, sich nach einem Arbeitgeber umzuschauen, der Teilzeitstellen gegenüber weniger negativ eingestellt ist.

5.3 Teilzeit-Modelle

Die klassische Variante der Teilzeitstelle geht von einer festen Stundenzahl pro Tag aus, die sich mit den Öffnungszeiten von Krippen und Kindergärten deckt. Denkbar sind aber auch andere Modelle, bei denen die Arbeitszeit vielleicht drei Tage pro Woche umfasst, drei von vier Wochen im Monat oder zehn von zwölf Monaten im Jahr. Der Fantasie sind kaum Grenzen gesetzt.

Uschi (43) hatte Glück. Sie fand das für sie ideale Teilzeitmodell – und das auch noch ganz ohne zu suchen. Die Sozialpädagogin und Mutter von zwei Kindern war sechs Jahre zu Hause gewesen. Während der Elternzeit wurden dem Projekt, in dem sie tätig gewesen war, die Gelder gestrichen. Ihre Stelle gab es nicht mehr. Haushalt und Kinder hielten sie so auf Trab, dass sie gar nicht auf die Idee kam, nach einer neuen Stelle zu suchen. „Eines Tages“, berichtet sie, „erzählte mir ein Nachbar von einem Betreuungsprojekt für Familien mit kleinen Kindern. Es wurde eine Sozialpädagogin in Teilzeit gesucht. Er war steif und fest davon überzeugt, ich sei die Idealbesetzung.“ Seither arbeitet sie zwei ganze Tage in der Woche. Nicht zu viel und nicht zu wenig. Sie organisiert, koordiniert, akquiriert

Gelder und macht Öffentlichkeitsarbeit. „Ein Job mit viel Abwechslung und einem Rhythmus, der ideal für mich ist", strahlt sie.

Job-Sharing

Es gibt Aufgabenbereiche, die schlecht durch eine halbe Stelle abzudecken sind. Ideal ist es, wenn zwei Kollegen oder meist Kolleginnen sich diese Stelle teilen – meist im Halbtagesrhythmus, manchmal aber auch so, dass jede Mitarbeiterin zweieinhalb Tage arbeitet oder sich die Mitarbeiterinnen die Stelle gar im Wochenrhythmus teilen. Voraussetzung für das Job-Sharing-Modell ist, dass die Chemie zwischen den Kolleginnen stimmt. Die Kommunikation muss gewährleistet sein, die Arbeitsübergabe muss zuverlässig klappen und Konkurrenz darf keine Rolle spielen. Wenn sich eine Kollegin auf Kosten der anderen profiliert, können Gemeinschaftsprojekte kaum erfolgreich durchgeführt werden.

Telearbeit

Dank der Kommunikationstechnologie können Arbeitsplätze ausgelagert werden. Die Mitarbeiterinnen werden mit der Firma vernetzt. Der Arbeitgeber stellt die technische Ausrüstung, die Heimarbeiterin muss über einen geeigneten Arbeitsplatz – am besten ein separates Zimmer in der Wohnung – verfügen.

Vorteile gibt es für beide Seiten: Mütter sparen sich lange Anfahrtswege und können sich die Zeit frei einteilen. Sie können beispielsweise dann arbeiten, wenn das Kind schläft. Die Hoffnung, sich auf diese Art und Weise eine Fremdbetreuung ganz und gar zu sparen, erfüllt sich jedoch meist nicht. Die Zahl der Babys, die in der Wippe neben dem Schreibtisch der Mutter friedlich vor sich hindämmern oder sich hingebungsvoll mit sich selbst beschäftigen, ist gering. Wenn Sie mit einem Telearbeitsplatz liebäugeln, sorgen Sie vor und sichern Sie sich eine liebevolle Betreuung. Überlegen Sie vorher, ob Sie die Disziplin aufbringen, sich frei von jeglicher Kontrolle an die Arbeit zu machen. Sinnvoll ist es auf jeden Fall, Präsenztage in der Firma einzuplanen, damit Sie den Kontakt zur Firma nicht verlieren.

Karin (40), Lektorin in einem Schulbuchverlag, plante einen längeren Ausstieg aus dem Berufsleben, weil ihre Tochter, ein Frühchen, viel Aufmerksamkeit brauchte. Doch nach zwei Jahren wurde ihr klar, dass sie wieder zurück in die Arbeit wollte. Sie verhandelte mit dem Verlag und erkämpfte die Halbtagsstelle. Inzwischen war sie mit der Familie umgezogen und nun stimmte das Verhältnis zwischen eineinhalb Stunden Fahrtzeit und vier Stunden Arbeit ganz einfach nicht mehr. Karin verhandelte die Arbeitsbedingungen neu. Das Ergebnis: „Ich bin drei Tage in der Firma und zwei Tage im Home-Office. So komme ich raus, verliere nicht den Kontakt zu den Kollegen, spare mir aber immerhin drei Stunden Fahrerei."

Arbeitgeber profitieren ebenfalls von Telearbeitsplätzen. Die Einrichtung eines Telearbeitsplatzes ist nämlich weitaus billiger als die Wiedereingliederungskosten für Eltern, die drei Jahre im Erziehungsurlaub waren. Für den Arbeitgeber ist es nicht immer einfach, die Arbeitszeiten zu kontrollieren. Wenn kein Vertrauensvorschuss existiert, werden sich Arbeitgeber kaum auf das System einlassen. Andererseits profitieren sie auch von Arbeitnehmern, die zufrieden mit ihrer Arbeitssituation und entsprechend motiviert sind.

Wenn Sie einen Tele-Arbeitsplatz in Erwägung ziehen, fragen Sie sich im Vorfeld:

- Steht mir zu Hause ein Büroraum zur Verfügung?
- Habe ich genug Ruhe zum Arbeiten in den eigenen vier Wänden?
- Bringe ich genügend Eigeninitiative mit?
- Werden mir die Kollegen fehlen?
- Wer kann mich stundenweise bei der Kinderbetreuung unterstützen?

Teilzeit in Kombination mit selbstständiger Tätigkeit

Denkbar ist auch die Kombination aus einem Teilzeitjob im fixen Angestelltenverhältnis mit einer selbstständigen Tätigkeit. Morgens im „Brotjob" als Sekretärin oder Rezeptionistin zu arbeiten und nachmittags als Stadtführerin oder Übersetzerin eigenen Interessen nachzugehen kommt vielen Frauen eher entgegen als die Konzentration auf eine Vollzeitstelle.

Bei Sophie (39) klingelt häufig das Telefon. Für jeden ihrer drei Jobs hat sie ein eigenes. Die zweifache Mutter ist ein Beispiel dafür, dass eine Kombination unterschiedlicher Jobs manchmal glücklicher macht als der eine feste Job. Sie hat ein großes Anliegen: „Ich möchte Müttern Mut machen, sich selber Jobs zu suchen, statt auf die Lebensstelle zu warten."

Sophie ist Architektin – mit Leidenschaft. Nach der Geburt des ersten Kindes kam der Aufschwung Ost. „Diesen Boom konnte ich mir nicht entgehen lassen", erzählt sie. Um wenigstens Teilzeit arbeiten zu können, investierte sie in eine Kinderfrau. Als die Auftragslage für Architekten immer schlechter wurde, suchte sie nach anderen Standbeinen. Sie begann, freiberuflich als Counselor bei einer Relocation-Agentur zu arbeiten: Sie suchte Wohnungen, ließ Aufenthaltsgenehmigungen verlängern, klärte Visa-Angelegenheiten und überführte Autos. Um sich wenigstens ein kleines Festeinkommen zu sichern, übernahm sie in Teilzeit die Betreuung einer Geschäftsstelle des Alpenvereins. Und plötzlich kamen wieder Bauprojekte.

Sophie ist ein Organisationstalent – wie viele Mütter. „Mein Leben ist höchst spannend", schwärmt sie, „manchmal zeichne ich tagelang, dann bin ich auf Baustellen unterwegs, habe Abendtermine beim Alpenverein. Aber mittags, wenn die Kinder heimkommen aus der Schule, werden sie mit einem warmen Mittagessen empfangen."

Informationen des Bundesministeriums für Wirtschaft und Arbeit zur Teilzeit:

www.teilzeit-info.de

Ausführliche Infos zu Gesetzesregelungen, Erfahrungsberichte, Downloads von Statistiken und ein Gehaltsrechner

Freie Mitarbeit

Der Job fürs Leben wird immer unrealistischer, erscheint vielen Frauen aber auch immer weniger erstrebenswert. Mehr und mehr Frauen suchen flexible Arbeitsmodelle, die ihnen helfen, den Spagat zwischen Familie und Beruf zu bewältigen und gleichzeitig Befriedigung im Job zu finden.

Wer als freie Mitarbeiterin verschiedener Firmen projektbezogen arbeitet, kann sich die Arbeit besser einteilen als eine Festangestellte. Aber: Sobald Sie Rechnungen stellen, sind Sie selbstständig und fallen aus dem Sozialversicherungssystem. Preis für die Freiheit sind Schwankungen im Einkommen. Außerdem muss frau selbst vorsorgen – gegen Krankheit, für das Alter, für Zeiten mit Auftragslücken.

Isabelle Hoffmann (45) hatte sich nie Gedanken über ihren Status gemacht. Sie war bereits zehn Jahre als Übersetzerin tätig, als sie in einem Existenzgründerseminar lernte, dass sie schon durch das Stellen der ersten Rechnung selbstständig geworden war und dass sie auch als Freiberuflerin ein richtiges Unternehmen führte. „Glücklicherweise hatte ich intuitiv vieles richtig gemacht, kannte nur nicht die richtigen Begriffe dafür. Als Freiberufler genießt man einige Vorteile, die einem das Leben erleichtern: Die Einnahme-Überschuss-Rechnung zum Beispiel ist die einfachste Form der Buchhaltung, da musste ich nichts weiter dazulernen."

Achtung: Scheinselbstständigkeit!

Das Thema „Scheinselbstständigkeit" stiftet noch immer viel Verwirrung. Dahinter steckt die Annahme, dass es in Deutschland vermutlich eine beträchtliche Zahl von Menschen gibt, die nach Art ihrer Tätigkeit eigentlich Angestellte sind, die aber dennoch den Status von Selbstständigen haben. Um ihnen zu helfen, ihre Rechte gegenüber dem Auftraggeber geltend zu machen, wurde das Gesetz gegen die Scheinselbstständigkeit verabschiedet. Angst sollten aber nicht die Freien bekommen, die sich redlich um Aufträge bemühen, sondern die Auftraggeber, die ihre Freien ausbeuten. Sie können schnell überprüfen, ob Sie mit Ihrer Tätigkeit möglicherweise unter die Rubrik „scheinselbstständig" fallen. Der Verdacht zur Scheinselbstständigkeit besteht, wenn:

- Sie keine eigenen Angestellten haben, die mehr als 400 Euro verdienen;
- Sie 5/6 Ihres Umsatzes durch einen Aufraggeber verdienen;
- Ihr Auftraggeber Tätigkeiten, die Sie verrichten, auch von angestellten Mitarbeitern verrichten lässt;
- Sie nicht als Unternehmerin auftreten, also keine Werbung machen;
- Sie dieselbe Arbeit vorher als Angestellte gemacht haben.

Wenn diese Kriterien auf Sie zutreffen, sollte Ihr Arbeitgeber Sie schleunigst anstellen, will er sich keinen Ärger einhandeln. Ob Sie ihn darauf aufmerksam machen oder warten, bis es andere tun, bleibt Ihnen überlassen. Weitere Informationen zum Thema Selbstständigkeit finden Sie in Kapitel 6.

5.4 Der Minijob oder die so genannte „geringfügige Beschäftigung"

Der Markt für Frauen, die den Bewerbungsmarathon (noch) scheuen und trotzdem wieder ins Arbeitsleben hineinschnuppern wollen, ist groß. Ein paar Stunden lassen sich fast immer erübrigen. Und wenn Mütter wieder fest einsteigen, können sie beweisen, dass sie Kontakt zum Berufsleben gehalten haben.

„Minijobs sind ideale Sprungbretter zurück in den festen Job", davon ist Ruth (38) überzeugt. Sie kombinierte während der Elternzeit einen Minijob im Familienzentrum mit einem weiteren bei einem Reiseveranstalter und hielt abends zusätzlich Vorträge an der Volkshochschule. Die diversen Jobs waren nicht nur ein schönes Nebeneinkommen für die Familie. An der Volkshochschule überzeugte sie durch Engagement und Kompetenz so sehr, dass man ihr nach der Familienzeit eine feste Stelle anbot.

Versicherungsrechtlich ist ein Minijob oder eine „geringfügige Beschäftigung" eine Tätigkeit mit einem monatlichen Verdienst unter 400 Euro. Die Arbeitszeit ist nicht reglementiert, die frühere 15-Stunden-Regel ist entfallen. Beträgt die Arbeitszeit innerhalb eines Kalenderjahres nicht mehr als 50 Arbeitstage bzw. zwei Monate, handelt es sich um eine kurzfristige Beschäftigung und der Verdienst ist nebensächlich. Dieses befristete Arbeitsverhältnis wird dann wie ein Minijob gehandhabt.

Minijobs sind sozialversicherungspflichtig: Der Arbeitgeber muss pauschal 12 Prozent des Arbeitsentgelts an Renten- und 10 Prozent an Krankenversicherungsbeiträgen sowie 2 Prozent an Steuern an die Minijob-Zentrale bei der Bundesknappschaft zahlen – also insgesamt 25 Prozent. In puncto Lohnfortzahlung bei Krankheit haben Minijobberinnen die gleichen Rechte wie andere ArbeitnehmerInnen. Der Vorteil für den Arbeitnehmer ist, dass er keine Sozialabgaben zahlen und den Verdienst nicht versteuern muss.

Lisa (36) suchte einen Ausgleich zu Haushalt und Kindern und wollte nach vier Jahren Familienzeit endlich wieder eigenes Geld verdienen. Sie wollte nicht immer eine schlechtes Gewissen haben, wenn sie mal außer der Reihe zur Kosmetikerin ging. Die frühere Arbeit als Verkaufssachbearbeiterin in einem großen Industrieunternehmen mit vielen Kundenkontakten hatte ihr viel Spaß gemacht. Als sie der Liebe wegen aus der Großstadt aufs Land zog, fand sie keine vergleichbare Stelle. So fiel der Weg in die Familienzeit nicht allzu schwer, aber die Decke fiel ihr bald auf den Kopf.

In einem Ernährungsseminar an der Volkshochschule lernte sie die Chefin eines Catering-Unternehmens kennen. „Ich fragte sie ganz frech, ob sie nicht Arbeit für mich hätte, und sie lud mich zum Gespräch ein." Zehn Stunden in der Woche ist sie dort seither der gute Geist im Büro. Wenn die Kinder aus der Schule heimkommen, ist sie zurück. Weil Lisa es geschafft hat, sich unersetzlich zu machen („Ich bin die Einzige, die fit im Internet ist") und die Firma expandiert, ist eine Aufstockung auf mehr Stunden im Gespräch.

Der Wiedereinstieg „light" war ein voller Erfolg. Und Ideen hat sie mehr als genug: „Ich bin ein Zahlenmensch, aber ich bin auch ein kreativer Mensch. Die Besitzerin meines Lieblingsblumenladens stöhnte neulich über zu viel Arbeit. Ich war kurz davor zu fragen, ob ich sie nicht entlasten könne, aber zwei Jobs sind momentan wohl etwas zu viel. Aber irgendwann einen eigenen Blumenladen zu haben wäre das Größte." Andererseits interessiere ich mich auch für Ernährung. Ein Café mit gesunder Kost oder ein kleines Restaurant würden mir auch Spaß machen. Meine Großmutter hatte eine Gastwirtschaft. Das liegt wohl in den Genen …"

Minijobs in privaten Haushalten

Der Bedarf an Minijobberinnen ist vor allem in privaten Haushalten groß. Eine geringere Abgabenquote von 12 Prozent (je 5 Prozent zur gesetzlichen Rentenversicherung und gesetzlichen Krankenversicherung und ebenfalls 2 Prozent Steuern) sorgt dafür, dass der Minijob auch für private Arbeitgeber attraktiv ist.

Carola (29) war in ihrem Beruf als Fotolaborantin nie glücklich gewesen. Nach der Geburt ihrer Tochter wusste sie, dass sie den Erziehungsurlaub ausdehnen würde. Schließlich wollte sie mindestens zwei Kinder. So kamen sieben Familienjahre zusammen und den Beruf der Fotolaborantin gab es nicht mehr.

„Ich bin ganz bestimmt keine Karrierefrau", erklärt Carola, „aber ich wollte, während die Kinder in der Schule und im Kindergarten waren, raus aus den eigenen vier Wänden."

Als eine Lehrerin aus dem Bekanntenkreis eine Haushaltshilfe und Tagesmutter für drei Vormittage in der Woche suchte, zögerte sie nicht lange. „Die Lösung war ideal", schwärmt Carola, „ich bin ein häuslicher Typ, die Arbeit liegt mir. Und weil meine Arbeitgeberin als Lehrerin in den Schulferien frei hat, brauchte ich keine Ferienbetreuung für meine eigenen Kinder suchen."

Der Minijob ist keine Dauerlösung, das wissen Lisa und Carola. Aber er ist ein idealer Kompromiss zwischen dem Leben als Vollzeitmutter und dem Wiedereinstieg mit allem Drum und Dran.

Vorteile von Minijobs

Das Arbeitsverhältnis wird flexibel und unbürokratisch gehandhabt. Für die Minijobberin entspricht der Brutto-Verdienst dem Netto-Verdienst – sie muss weder Sozialabgaben noch Steuern zahlen. Trotzdem sind die Beschäftigten sozialversichert (allerdings ohne Arbeitslosenversicherung). Natürlich sind die Rentenansprüche aus den Beiträgen von Minijobs gering, trotzdem sind sie für Frauen, die lange ausgestiegen sind, wertvoll. Berufstätige Mütter nach langer Erziehungspause haben so die Möglichkeit, ihre Rentenansprüche bei Berufs- und Erwerbsunfähigkeit wieder zu sichern. Mütter verlieren diesen Anspruch, wenn sie nach der Geburt ihres letzten Kindes mehr als zwölf Jahre nicht erwerbstätig waren. Wenn sie dann auf Minijob-Basis arbeiten und mindestens drei Jahre lang Rentenbeiträge abführen, haben sie wieder Anspruch auf eine gesetzliche Rente und Rehabilitationsmaßnahmen. Für die Renten-Berechnung gelten die gezahlten Beiträge vor und nach der Kinderpause.

Kombination mehrerer Minijobs

Wenn Sie mehrere Minijobs nebeneinander ausüben, so wird der Verdienst aus allen Jobs zusammengerechnet. Übersteigt die Summe den Betrag von 400 Euro, tritt Versicherungspflicht in allen Beschäftigungsverhältnissen ein.

Teilzeitstelle plus Minijob

Wer eine versicherungspflichtige Teilzeitbeschäftigung ausübt, kann nebenher für einen anderen Arbeitgeber im Rahmen eines Minijobs tätig sein. Der Minijob wird dennoch nicht mit der Hauptbeschäftigung zusammengerechnet und bleibt frei von Sozialabgaben.

Minijob plus befristete Tätigkeit

Wer regelmäßig einen Minijob ausübt und darüber hinaus für eine befristete Zeit eine Teilzeitstelle annimmt, die mit mehr als 400 Euro im Monat dotiert ist, muss ebenfalls keine Sozialabgaben zahlen.

Überschreiten der Einkommensgrenze

Wenn die 400-Euro-Grenze überschritten wird, tritt wieder die Sozialversicherungspflicht ein, aber nur dann, wenn der Betrag regelmäßig höher ist, also etwa von 400 auf 450 Euro angehoben wird, oder wenn er vorhersehbar ist – wie Sonderzulagen. Wer vom Arbeitgeber zusätzlich zu den monatlichen 400 Euro Weihnachtsgeld oder Urlaubsgeld bekommt, muss aufpassen. Die grundsätzlich erfreuliche Sonderzulage führt so unter Umständen in die Versicherungspflicht, ist also ein Schuss nach hinten. Steigt der Verdienst nur vorübergehend, weil man etwa eine erkrankte Kollegin für zwei Monate vertreten muss, so bleibt das Einkommen frei von Sozialabgaben und Besteuerung.

Überschreiten der befristeten Arbeitszeit von zwei Monaten

Dauert das Beschäftigungsverhältnis nicht länger als 50 Tage oder zwei Monate im Jahr, so bleibt es – unabhängig vom Einkommen – ein kurzfristiges Beschäftigungsverhältnis, das wie ein Minijob gehandhabt wird. Wird diese Zeit überschritten – weil sich zum Beispiel die Rückkehr der Mitarbeiterin, die Sie vertreten, verschiebt – ändert sich die Situation. Sobald sie ein Verlängerungsangebot akzeptieren, werden Sozialabgaben fällig.

Vom Minijob zur Teilzeitstelle

Bei Einkünften zwischen 400,01 Euro und 800 Euro wurde eine Gleitzone zwischen der Versicherungsfreiheit zur vollen Abgabenlast geschaffen. Die Sozialversicherungsbeiträge steigen stufenweise an: von vier Prozent bei 400 Euro gleitend auf den vollen Beitrag von 21 Prozent bei 800 Euro Verdienst. Bei mehreren Beschäftigungen werden alle Arbeitseinkommen zusammengerechnet. Übersteigen sie den Betrag von 800 Euro, tritt volle Versicherungspflicht in allen Beschäftigungsverhältnissen ein. Arbeitsrechtlich sind Sie bei einem Monatseinkommen unter 800 Euro eine Minijobberin. Minijobs müssen von den Arbeitgebern bei der Minijob-Zentrale der Bundesknappschaft gemeldet werden:

Minijob-Zentrale der Bundesknappschaft
Servicetelefon: 08000 200 504 (gebührenfrei)
www.minijob-zentrale.de

Die zuständige Einzugstelle für Minijobs bietet Information für Arbeitnehmer und Arbeitgeber sowie Download-Center für Broschüren und Formulare.

Bundesministerium für Gesundheit und soziale Sicherung
www.bmgs.bund.de/deu/gra/themen/sicherheit/mini/index.cfm
Fragen und Antworten rund um das Thema Minijob

Eine Broschüre zum Thema „Geringfügige Beschäftigung und Beschäftigung in der Gleitzone“ kann hier heruntergeladen werden:
http://www.bmgs.bund.de/deu/gra/publikationen/p_2.cfm

5.5 Die Arbeit der Zukunft ist teilbar ... Familienfreundlichkeit im Betrieb durch flexible Job-Modelle

„Es gab keine Teilzeitstellen“, so lautete die häufigste Antwort auf meine Frage an zahlreiche Berufsrückkehrerinnen, warum sie nicht an ihren alten Arbeitsplatz zurückgekehrt seien.

Doch ein Trend zu mehr Familienfreundlichkeit ist spürbar. Glücklicherweise gibt es mehr und mehr Firmen, die erkannt haben, dass sie auf gut ausgebildete Frauen nicht verzichten können. Entsprechend bemühen sie sich, ihren Mitarbeiterinnen flexible Job-Modelle anzubieten.

Familienfreundlichkeit rechnet sich

„Das Leben ist nichts, das man auf später verschieben kann. Das Leben ist jetzt ..." So lautet das Motto von Sissi Closs, der Gründerin der Münchner Software-Firma Comet Computer. Als die dynamische Informatikerin das Unternehmen 1987 gründete, wusste Sie, dass ihr menschliche Arbeitsbedingungen ganz wichtig waren: Mütter sollten Zeit für ihre Kinder haben und Kinderlose Zeit für ihre Hobbys. Inzwischen beschäftigt das Unternehmen knapp 70 Mitarbeiter und hat einen Frauenanteil von mehr als 50 Prozent, was in der IT-Branche höchst ungewöhnlich ist. Ihre Beschäftigungspolitik hat der Mutter eines Sohnes schon mehrfach den Bayerischen Förderpreis für gute Ideen zur Verbesserung der Chancengleichheit von Männern und Frauen eingetragen.

Berufsrückkehrerinnen sind bei Comet willkommen. Weil aber Frauen auch in Mini-Pensen (ab acht Stunden in der Woche) arbeiten können oder vom heimischen Telearbeitsplatz aus, nimmt keine der Frauen eine lange Elternzeit. Zwei Drittel der Mitarbeiter arbeiten Teilzeit – auch Männer. Bei Comet Computer sind auch Führungspositionen in Teilzeit machbar. „Entscheidend für uns sind die Fähigkeiten der Mitarbeiter, nicht wie viel Zeit sie in der Firma verbringen", erklärt Ann Krombholz, die Kommunikationsmanagerin und Personalverantwortliche des Software-Unternehmens. Work-Life-Balance wurde bei Comet bereits praktiziert, lange bevor der Begriff in Mode kam. Für die traumhaften Arbeitsbedingungen bedanken sich die Mitarbeiter mit Firmentreue. Und das Unternehmen floriert. Infos unter www.comet.de.

Befragt man Unternehmen nach ihrer Motivation, sich für familienfreundliche Maßnahmen zu engagieren, so ist häufig von höherer Leistungsbereitschaft durch Zufriedenheit der Beschäftigten oder einer niedrigeren Ausstiegs- und Krankheitsquote die Rede. Das ist nachvollziehbar: Wenn die Angestellten mit ihrer Arbeitssituation im Unternehmen zufrieden sind, sind sie auch motiviert und leistungsfähig und bleiben dem Unternehmen treu. Auch das ist wichtig, denn es kostet Zeit und Geld, neue Mitarbeiter einzuarbeiten. Familienfreundlichkeit rechnet sich also auch in wirtschaftlicher Hinsicht. Und ganz nebenbei wird das Image des Unternehmens in der Öffentlichkeit gestärkt.

1999 zeichnete die Gemeinnützige Hertie-Stiftung erstmals Unternehmen mit Zertifikaten zum Audit „Beruf & Familie“ aus. Das Audit ist ein strategisches Managementinstrument, das den Betrieben Wege aufzeigt, wie sie die Vereinbarkeit von Beruf und Familie verbessern und in der Unternehmenspolitik verankern können. 90 Unternehmen – vom Handwerksbetrieb bis zur Aktiengesellschaft, vom Ministerium bis zur Hochschule – mit insgesamt 250.000 Angestellten haben seit Beginn des Audits familienfreundliche Maßnahmen erarbeitet. Diese erleichtern Frauen den Weg zurück in den Beruf bzw. sollen verhindern, dass sie überhaupt aussteigen. Dazu gehören unterschiedliche Teilzeitmodelle, Formen der Telearbeit, aber auch Angebote zur Kinderbetreuung. Es geht also doch voran?

Über Unternehmen, die das Audit durchgeführt haben, und die Maßnahmen, die sie getroffen haben, informiert eine eigene Website: www.beruf-und-familie.de.

6. Selbst ist die Frau … Selbstständigkeit als Alternative zum Angestelltendasein

Ich bin eine klassische Patchworkerin, mein Berufsleben weist viele Brüche auf. Was für eine Festanstellung ein unüberwindbares Hindernis ist, kann für eine selbstständige Tätigkeit von großem Vorteil sein.

(Dietlind)

6.1 Bin ich zur Unternehmerin geboren?

Viele Frauen träumen davon, ihre eigene Chefin zu sein. Sie möchten eigene Ideen verwirklichen, weniger fremdbestimmt arbeiten, sich ihre Zeit selbst einteilen können, Familie und Job unter einen Hut bringen.

Doch der Weg zur eigenen Firma ist selten eine Autobahn. Fast immer ist er kurvig, oft steinig, manchmal verirrt man sich in Sackgassen und Einbahnstraßen. Die Frauen, die das Ziel unterwegs nicht aus den Augen verlieren, erreichen es in der Regel aber auch.

Als Familienmanagerinnen haben alle Mütter bereits Erfahrungen gesammelt mit selbstständiger Arbeit. Sie haben keinen Chef, der Vorgaben macht, sondern bestimmen als Geschäftsführerinnen des Unternehmens Familie die Firmenphilosophie und die Unternehmensziele. Sie leisten pausenlos Überzeugungs- und Motivationsarbeit, schlichten in Konfliktfällen, treffen Entscheidungen, verwalten Finanzbudgets. Das sind schon beste Voraussetzungen, den Schritt in die berufliche Selbstständigkeit erfolgreich zu bewältigen.

Dennoch hat nicht jede Mutter automatisch das Zeug zur Unternehmerin. Gründerinnen werden an ihren Aufgaben wachsen und sich viel unternehmerisches Know-how aneignen. Dennoch sollten gründungswillige Frauen sowohl ihre Motivation als auch ihre Qualifikationen realistisch einschätzen. Über fachliche Kompetenz und kaufmännische Grundkenntnisse hinaus müssen Unternehmerinnen, die auf dem freien Markt gegen ein Heer von Konkurrenten bestehen wollen, auch über traditionell wenig mütterliche Tugenden verfügen.

Petra (39) wurde aus Erfahrung klug. Die Künstlerin (www.steinkamps-artquadrat.de) startete ohne Konzept eine Ich-AG und eröffnete ein Galerie. „Damals musste man keinen Businessplan schreiben, sonst hätte ich mich wohl gar nicht getraut. Wie gesagt, ich bin sehr naiv an alles herangegangen. Ich habe gedacht, wenn ich das nur wirklich will und meine ganze Energie da hineinstecke, wird das schon irgendwie funktionieren."

Ohne Ahnung von Buch- und Geschäftsführung ging es dann aber doch nicht. Der Schuldenberg ist glücklicherweise überschaubar und die Idee, von der Kunst zu leben, hat die zweifache Mutter nicht aufgegeben. Der nächste Versuch wird gelingen, davon ist sie überzeugt und bastelt an einer tragfähigen Geschäftsidee.

Existenzgründerinnen sind in ihrer jungen Firma „Mädchen für alles": Sie sind Arbeitgeberin und Angestellte gleichzeitig. Sie sind ihre eigene Personalabteilung, Verkaufsabteilung, Rechtsabteilung, Finanzabteilung, PR-Abteilung.

Ohne gewisse Tugenden geht es nicht

Alle Gründerinnen, die ich nach den wichtigsten Tugenden einer erfolgreichen Unternehmerin befragte, gaben sehr ähnliche Antworten. Diese Eigenschaften brauchen Sie, um eine erfolgreiche Unternehmerin zu werden:

- Glaube an die Geschäftsidee
- Selbstvertrauen
- Kontaktfreude
- Verhandlungsgeschick
- Organisationstalent
- Durchsetzungskraft
- Durchhaltevermögen
- Überzeugungskraft
- Flexibilität
- Belastbarkeit
- Fähigkeit zur Selbstorganisation
- Fähigkeit zum Selbstmarketing
- gute Nerven
- Fähigkeit zum Netzwerken
- Risikobereitschaft

So verlockend der Gedanke an das eigene Unternehmen ist – bevor Sie sich kopfüber ins Abenteuer stürzen, ist es sinnvoll, sich kritisch zu prüfen. Dafür sollten Sie mindestens zehn der fünfzehn oben stehenden Tugenden mit „Ja, bin ich" abhaken können. Wenn Sie sich bloß aus Mangel an anderen Möglichkeiten selbstständig machen wollen, dann lassen Sie die Finger davon. Motivation und

Begeisterung sind nämlich ganz entscheidende Merkmale für erfolgreiche Unternehmer. Existenzgründer aus Verlegenheit können nicht erfolgreich sein.

Sehr hilfreich für künftige Unternehmensgründer sind Tests, die das Bundesministerium für Wirtschaft und Arbeit sowie die KfW-Mittelstandsbank auf ihren Internetseiten anbieten:

Drei nützliche Online-Tests zur Existenzgründung:

www.bmwi-softwarepaket.de/gruender/Existenz/HTML/kapitel_2/kapitel_2_1/index.html

www.bmwi.de/bmwa/Navigation/arbeit,did=9434.html

www.kfw-mittelstandsbank.de/mportal/Gruenderzentrum/d050TippsA/d010EignuT/d010EignuT.jsp

Sie haben das Zeug zur Unternehmerin und auch zumindest eine vage Unternehmensidee? Dann lesen Sie weiter.

6.2 Unternehmerinnen in Deutschland – Frauen gründen anders

Für Unternehmerinnen ist Deutschland ein Entwicklungsland. Viermal so viele Männer wie Frauen gründen hier ein Unternehmen – eine Quote, die in keinem anderen westlichen Industrieland so niedrig ist. Doch die Tendenz der letzten zehn bis fünfzehn Jahre ist positiv: Frauen starten durch und die Zahl der von Frauen geführten Unternehmen nimmt stetig zu.

Geschlechterunterschiede spielen beim Schritt in die Selbstständigkeit eine wesentliche Rolle. Frauen leisten in der Regel mehr Familienarbeit und haben deshalb weniger Zeit für die Unternehmensgründung. Außerdem führt der zeitweise Ausstieg aus dem Beruf oder die Teilzeitbeschäftigung dazu, dass Frauen weniger Kapital ansammeln und entsprechend weniger investieren können. Ein weiterer Grund ist, dass Frauen immer noch zu oft Berufe ergreifen, die weniger Chancen für den Schritt in die Selbstständigkeit bieten.

Frauen gründen – bedingt durch die frauentypische Ausbildung – vor allem im Dienstleistungsbereich, zum Beispiel in Kosmetikberufen (Nagelstudios), im

Haushaltsbereich (Putz- und Bügelservices), im Medienbereich (Redaktion, Webdesign), im Handel (Secondhand-Läden) und in freien Berufen. Ferner ist das Gastgewerbe stark vertreten sowie Dienstleistungen im Gesundheits- und Sozialwesen (Heilpraktikerinnen, ambulante Pflege). Im Gegensatz zur Gesamtwirtschaft, wo Frauen nur knapp über ein Viertel aller Selbstständigen stellen, ist beispielsweise im Gesundheitsbereich jeder zweite Selbstständige eine Frau. Hier sowie in den meisten anderen Dienstleistungsbereichen ist zudem auch der Zuwachs an selbstständigen Frauen prozentual höher als bei den Männern.

Erwartungsgemäß spielen landwirtschaftliche sowie produzierende Tätigkeiten unter den Frauenunternehmen keine Rolle. Insbesondere im Baugewerbe tummeln sich kaum Frauen. Auch Industrie und Handel (abgesehen vom Modebereich und Buchhandel) sind klare Männerdomänen. Frauenfirmen sind seltener als Männerbetriebe exportorientiert, konzentrieren sich eher auf lokale und regionale Märkte. Die Investitionssummen liegen ebenfalls deutlich niedriger als in von Männern geführten Betrieben, wie eine Untersuchung des Instituts für Mittelstandsforschung (ifm) der Universität Mannheim aus dem Jahr 2002 ergab.

Frauenunternehmen sind zwar deutlich kleiner als Männerbetriebe, haben aber durchschnittlich immerhin sieben Beschäftigte, wie das im Auftrag des Bundesministeriums für Bildung und Forschung durchgeführte Forschungsprojekt „Gründerinnen in Deutschland" ergab. Von Männern gegründete Unternehmen haben durchschnittlich fünfzehn Beschäftigte. Die Studie widerlegt also das Vorurteil, dass Gründerinnen kaum zur Entlastung des Arbeitsmarkts beitragen. Die geringere Durchschnittsgröße erklärt sich durch den hohen Anteil an Einzelunternehmen und dadurch, dass Frauenbetriebe unter den Großbetrieben kaum beziehungsweise überhaupt nicht vertreten sind.

Tatsache ist auf jeden Fall, dass Frauen anders gründen. Fassen wir die wichtigsten Punkte noch einmal zusammen:

- Frauen gründen meist kleinere Unternehmen (hoher Prozentsatz an Einzelunternehmen).
- Frauen brauchen weniger Kapital, denn sie arbeiten oft vom Home-Office aus. Sie investieren nicht in den schicken Firmenwagen und das vorzeigbare Büro, sondern eher in ihre Fortbildung.
- Frauen nehmen seltener Fremdkapital zur Finanzierung auf und beschaffen Gründungskapital in der Familie.
- Frauen haben geringere Wachstumsambitionen.
- Frauen gründen vor allem in „haushaltsbezogenen" Branchen (Gesundheit, Gastronomie, Körperpflege und Kosmetik, Erziehung, Einzelhandel).

- Frauen investieren weniger Zeit in ihr Unternehmen, weil sie in erster Linie für die Familie zuständig sind. Sie gründen oft in Teilzeit.
- Frauen vermarkten eher regional.
- Frauen schätzen ihre Fähigkeiten geringer ein und scheuen sich vor Eigenwerbung, Frauen haben eher Angst vor dem Scheitern.
- Aber: Frauenunternehmen sind stabiler.

Lust und Frust in der eigenen Firma. Frauen erzählen

Wie im festen Job, so liegen Licht und Schatten auch in der Selbstständigkeit oft eng beieinander. Jede Unternehmerin hat mit Schwierigkeiten zu kämpfen, muss sich täglich neu beweisen. Aber: Wer die ersten Hürden erfolgreich überwunden hat, bei dem stellen sich auch schnell Erfolgserlebnisse ein. Für die meisten der befragten Jungunternehmerinnen ist der Weg zurück ins Angestelltendasein keine Option.

Was habe ich mir bloß angetan …?

„Das ganze Drumherum, für das man keinen Cent bekommt, ist nervig: Buchhaltung, Akquise, Marketing … Dass das alles dazugehört, war mir gar nicht so richtig klar, als ich auf die Idee kam, mich selbstständig zu machen.

Ich vermisse auch den Austausch mit Kollegen. Es gibt niemanden, dem ich ein Konzept mal kurz vorlegen kann, mal nach seiner Meinung fragen kann.

Wenn das Geschäft erst mal in Schwung gekommen ist, wird es nicht einfacher. Ich arbeite mehr und mehr und habe immer weniger Zeit für die Kinder. Natürlich sitze ich auch abends noch vor der Kiste, weil ja die Buchführung gemacht werden muss, eine Pressemitteilung in eigener Sache rausgehen muss oder ein Kunde ein Angebot haben möchte. Lauter Sachen, zu denen ich tagsüber, wenn ich ja das Geld verdiene, nicht komme.

Außerdem wird von der Gesellschaft mit zweierlei Maß gemessen: Bei Männern, die selbstständig sind, wird akzeptiert, dass sie keine Zeit für Kinder und Hauhalt haben. Frauen – besonders wenn sie zu Hause arbeiten – sollen für alles zuständig sein, denn sie können sich die Zeit ja frei einteilen …“

(Marina, freie Redakteurin)

„Auch die selbstständige Mutter ist für alles zuständig. Mein Tag zerfällt in kleine Häppchen. Ungeteilte Aufmerksamkeit für eine Sache? Undenkbar. So verwende ich einen großen Teil meiner Energie auf die schulische Entwicklung meines Sohnes, der es für völlig ausreichend hält, wenn seine Eltern die Kulturtechniken Lesen, Schreiben und Rechnen beherrschen. Und als Mutter stellt man schnell fest, dass Kinder meist vor einem wichtigen Termin krank werden. Da versagt das beste Zeitmanagement."

(Dietlind, Texterin und Webdesignerin)

„Neue Aufträge zu akquirieren ist ganz schön schwierig. Manchmal erscheint ein Kunde nicht zum vereinbarten Termin oder ich werde vertröstet. Dann mache ich mir Sorgen und denke: ‚Wie schön wäre es doch, jetzt einen gemütlichen, festen, regelmäßigen Job zu haben.' Gott sei Dank kommt das nicht zu häufig vor …

Ich kann mich schwer verkaufen und lerne es nur langsam. Das führt auch zu einer immer wieder aufkeimenden Existenzangst: Wird es mir gelingen, stabil und langfristig die nötigen Aufträge zu akquirieren?"

(Bettina, Coach und Trainerin)

„Natürlich liegt die Hauptlast mit Kindern und Haushalt nach wie vor bei mir, weil mein Mann zu oft unterwegs ist. Nun stehe ich oft vor dem Konflikt: Gehe ich zum Elternabend oder zu einem Businesstermin? Und da meldet sich tatsächlich wieder das schlechte Gewissen, von dem ich dachte, dass es nur Mütter kleinerer Kinder haben.

Zu schaffen macht es mir immer noch, wenn man mich bei der Akquise abblitzen lässt. Das nehme ich viel zu persönlich. Da spielt sicher das weibliche Harmoniebedürfnis eine Rolle."

(Anette, Seniorenbegleitung)

„Der Bürokram nervt mich, weil er immer mehr wird. Verwaltung ist das A und O in unserer Gesellschaft und hält in allen Bereichen von der tatsächlichen Arbeit ab."

(Anja, Historikerin und Bildungsreferentin)

„Der Weg in die Selbstständigkeit (www.promotiontext.de) ist ein sehr holpriger, von vielen Aufs und Abs begleitet. Seminare, Gründer-Tag, Website-Gestaltung, Eigenwerbung etc. Manchmal bin ich so mit der Akquise für meine Tätigkeit beschäftigt, dass ich befürchte vergessen zu haben, wie die eigentliche Arbeit geht. Das alles muss natürlich auch noch mit der Familie vereinbart werden, die Kinder müssen nach wie vor versorgt, betreut und beschäftigt werden. Auch hier habe ich hohe Maßstäbe, damit niemand unter meiner Selbstständigkeit leiden muss. So banale Dinge wie Kochen und Putzen stehen natürlich auch noch an.“

(Dagmar, Pressearbeit)

Die lustvollen Momente des Unternehmertums

„Ich bin für meinen Erfolg verantwortlich, natürlich auch für meinen Misserfolg. Niemand kann sich mit meinen Federn schmücken und die garstige Kollegin vermiest mir nicht meine Laune. Wenn ein wichtiger Termin im Kindergarten anliegt, bin ich natürlich dabei und arbeite die fehlende Zeit am Wochenende rein.“

(Marina, freie Redakteurin)

„Als Selbstständige kann ich viel eher bestimmen, was ich wann und wie mache. Wenn ich zum Beispiel in einer Situation für die Familie und gegen einen Kundenauftrag entscheide (oder diesen delegiere), stehe ich für die Konsequenzen selber ein und bin nicht abhängig davon, was ein anderer für Konsequenzen daraus zieht.

Es gibt mir Kraft, wenn meine zufriedenen Kunden zum Beispiel durch meine Einzelberatung eine passende neue Arbeit gefunden haben und nun total happy sind oder nach einem Seminar bei mir sagen: „Das ist das Beste, was mir jemals passiert ist.“ Ich liebe den direkten, persönlichen Kontakt im Coaching – wenn richtig spürbar ist (die Luft sozusagen brennt), dass durch die Zusammenarbeit etwas Wunderbares entsteht.

Und ich mag sehr die Abschlussrunden am Ende eines Seminars, wenn jeder angefüllt mit neuen Ideen und neuer Energie wieder nach Hause fährt.“

(Bettina, Coach und Trainerin)

„Diese ‚Heimarbeit‘ hat mich zu einer selbstständigen Unternehmerin gemacht und ich bin gern mein eigener Chef. Auch wenn selbstständig arbeiten besser hieße: selbst ständig arbeiten.“

(Isabelle Hofmann, Übersetzerin)

„Mir gefällt das Sicheinstellenmüssen auf neue Kunden und ihre Aufträge, die Flexibilität, das ‚Nichteingefahrensein‘. Und wenn im Mail-Eingang ein neuer Auftrag erscheint, ist das ein Kick für die Arbeit.“

(Gudrun, Journalistin und Lektorin)

„Mir gefällt das Entwickeln neuer Projekte. Es gibt immer wieder neue Impulse und viele Menschen, die immer noch gerne etwas dazulernen wollen. Von meinen Senioren bekomme ich sehr oft vermittelt, dass ich mehr mache, als Stoff zu vermitteln, ich biete Gesellschaft, Unterhaltung ...“

(Anja, Historikerin und Bildungsreferentin)

„Auch wenn an manchen Tagen der Kopf recht tief hängt, gibt es zweifellos auch Highlights und Perspektiven, die sich von einem Moment auf den anderen öffnen. In keiner Phase meines Lebens habe ich so viele Adrenalinschübe erlebt wie während dieser Existenzgründungsphase. Für mich ist die Entscheidung, freiberuflich zu arbeiten, die einzig wahre Möglichkeit gewesen, eine fachlich ansprechende Tätigkeit mit den Ansprüchen meiner Familie zu vereinbaren, und ich bereue sie absolut nicht.“

(Dagmar, Pressearbeit)

„Es ist schön, wenn eine Veranstaltung gut läuft und ich in begeisterte Gesichter blicke. Dann weiß ich, dass sich der ganze Stress gelohnt hat.“

(Elisabeth, Kunstevents)

6.3 Gründen aus der Arbeitslosigkeit. Ich-AG oder Überbrückungsgeld?

Wenn Sie arbeitslos gemeldet sind und Anspruch auf Arbeitslosengeld haben, stehen Ihnen Fördergelder zu. Zukünftige Gründer können wählen zwischen Überbrückungsgeld und einem Existenzgründerzuschuss für die so genannte Ich-AG.

Überbrückungsgeld

Das Überbrückungsgeld unterstützt Existenzgründer, die vorher arbeitslos waren, und sichert den Lebensunterhalt in den ersten sechs Monaten der Existenzgründung.

Ist der Antrag bewilligt worden, übernimmt die Bundesagentur für Arbeit sechs Monate lang eine Förderung in Höhe der bisherigen Leistungen. Hinzu kommt ein Pauschalbetrag in Höhe der Sozialversicherungsbeiträge, die das Arbeitsamt bisher getragen hat.

Für die Gewährung des Überbrückungsgeldes sind keine Grenzen bezüglich des Einkommens oder der Zahl der beschäftigten Mitarbeiter gesetzt. Bevor der Antrag gestellt werden kann, muss ein Unternehmenskonzept geschrieben und die Tragfähigkeit des Gründungsvorhabens durch eine sachkundige Stelle bestätigt werden, zum Beispiel die IHK, Handwerkskammern, Fachverbände/Kreditinstitute oder einen Steuerberater.

Informationen zum Überbrückungsgeld

www.ueberbrueckungsgeld.de

Informative Seite einer Gruppe von Gründungsexperten

Weitere Infos in der Liste der Links am Ende des Buches.

Ich-AG

Die Förderung im Rahmen eines Existenzgründerzuschusses dient der sozialen Sicherung während einer ein- bis dreijährigen Startphase der Gründung. Im ersten Jahr nach Gründung beträgt der monatliche Zuschuss pauschal 600 Euro. Im zweiten Jahr werden 360 Euro monatlich, im dritten 240 Euro gezahlt. Von diesem Geld müssen allerdings auch die Renten- und Krankenversicherungsbeiträge bestritten werden und – was viele Gründer vergessen – die Zuschüsse müssen jedes Jahr neu beantragt werden. Voraussetzung für die Förderung ist – wie beim Überbrückungsgeld –, dass der Antragsteller Arbeitslosengeld bezieht. Anders als beim Überbrückungsgeld ist die Bedingung einer Ich-AG, dass Sie nicht mehr als 25.000 Euro pro Jahr an Einkommen (= Gewinn) erzielen. Wer die Einkommensgrenze überschreitet, ist nicht mehr zuschussberechtigt. Minijobs, die neben der selbstständigen Tätigkeit ausgeübt werden dürfen, werden für das Einkommen aus selbstständiger Tätigkeit angerechnet.

Bis vor kurzem mussten Ich-AG-Gründer keinen Businessplan vorlegen. Um Missbrauch entgegenzuwirken, müssen Arbeitslose seit dem 1. November 2004 eine Kurzbeschreibung der Geschäftsidee, einen Kapitalbedarfs- und Finanzierungsplan sowie eine Umsatz- und Rentabilitätsvorschau vorlegen. Wie beim Überbrückungsgeld müssen Sie von fachkundiger Stelle eine Stellungnahme zur Tragfähigkeit des Existenzgründungsplans vorlegen, wenn sie eine Ich-AG gründen wollen.

Übrigens: Während bei „normalen" Unternehmen Frauenbetriebe klar in der Minderzahl sind, wird jede zweite Ich-AG von einer Frau gegründet.

Gründerinnen, die die Voraussetzungen erfüllen, müssen sich für eine Form der Förderung entscheiden. Für wen lohnt sich die Ich-AG und wer fährt mit dem Überbrückungsgeld besser?

Die bürokratischen Hürden für die Ich-AG sind niedriger, aber es lohnt sich zu rechnen: Die Gesamtsumme der Förderung für die Ich-AG beträgt in drei Jahren 14 400 Euro. Wer aber ein hohes Arbeitslosengeld bezogen hat, ist mit dem Überbrückungsgeld besser bedient.

6.4 Erste Hilfe für Gründerinnen

Eine gute Geschäftsidee ist die halbe Miete, aber mindestens genauso wichtig ist es, sich gut zu informieren. Der erste Schritt sollte der Besuch eines Seminars für Existenzgründer sein.

Anlaufstellen

Erkundigen Sie sich bei der örtlichen Agentur für Arbeit oder bei der IHK nach Anbietern und Terminen.

Um mehr Frauen zur Unternehmensgründung zu ermutigen, sind aber auch eine ganze Reihe von Initiativen und Infostellen speziell für Gründerinnen entstanden. Auch dort werden vielfach Seminare angeboten.

Gründerinnenförderung am Beispiel von EFFEKT!

Existenzgründerinnen, die in Bayern leben, werden seit Anfang 2003 von der Gründerinneninitiative EFFEKT! unter die Fittiche genommen. Gründerinnen erhalten Förderung in allen unternehmensrelevanten Bereichen, eine große Portion Motivation sowie Kontakt zu anderen Gründerinnen mit auf den Weg.

EFFEKT! (www.effekt-online.de) wird getragen vom Bayerischen Staatsministerium für Wissenschaft, Forschung und Kunst, dem Europäischen Sozialfonds (ESF) und dem GründerRegio M e. V. und wendet sich vor allem an Frauen mit Hochschulabschluss, die sich nach der Familienzeit für die Gründung eines eigenen Unternehmens qualifizieren möchten. Das mehrstufige Weiterbildungs- und Qualifizierungsprogramm für Berufsrückkehrerinnen startete im Januar 2003 im Raum München und läuft seit Herbst 2003 bayernweit.

Die Qualifizierung beginnt mit der dreiteiligen Seminarreihe „Basic“. Hier geht es darum, die Teilnehmerinnen zu motivieren, sich intensiv mit dem Thema Existenzgründung auseinander zu setzen. Die Kurse vermitteln das notwendige Grundwissen für einen erfolgreichen Unternehmensstart und eine professionelle Unternehmensführung. Ergänzt werden die Vorträge durch Erfahrungsberichte junger Unternehmerinnen. Es folgen Aufbau-Seminare, ergänzt durch Online-Tutoring, Business-Talks, Gründerstammtische und ein Online-Forum.

Fast 2.000 Frauen haben in knapp zwei Jahren an Basisseminaren und Aufbauseminaren teilgenommen. Eine erste Evaluierung nach knapp zwei Jahren bewies den großen Erfolg der Initiative.

Die EFFEKT!-Projektleiterin Dr. Bettina Wenzel berichtet im Gespräch von den Chancen und Besonderheiten einer Initiative für Gründerinnen. Sie hat in vielen Seminaren erfahren, wo Gründerinnen Nachholbedarf haben und mit welchen besonderen Schwierigkeiten sie zu kämpfen haben.

Frage: Es gibt zahlreiche Initiativen für Gründer, warum wendet sich EFFEKT! gezielt an Frauen?

Wenzel: Gründerinitiativen für beide Geschlechter haben eine sehr breit gestreute Zielgruppe. Wir glauben, dass die Qualität der Ausbildung steigt, wenn man zielgruppenorientiert arbeiten kann. Frauen sind bei Unternehmensgründungen in Deutschland klar unterrepräsentiert und es ist unser Ziel, das zu ändern. Ein großes Potenzial sehen wir besonders bei Frauen mit Hochschulabschluss, die nach der Familienpause in den Beruf zurückkehren wollen. Das sind Frauen, die das Zeug zum Gründen haben und vielfach Familie und Festanstellung schlecht vereinbaren können.

Frage: Sind die Frauen, die zu Ihnen kommen, noch in der Orientierungsphase oder haben sie schon eine konkrete Geschäftsidee?

Wenzel: Das ist sehr unterschiedlich. Es sind einige Frauen dabei, die unsicher sind, ob die Selbstständigkeit für sie eine Alternative zur Festanstellung sein kann. Einige haben schon ausgereifte Ideen und andere stehen schon auf eigenen Beinen – wenn auch noch etwas wackelig. Denen geht es darum, ihr unternehmerisches Wissen zu festigen und zu erweitern.

Frage: Wenn man Männer nach ihren Motiven für die Unternehmensgründung fragt, spielt der Wunsch nach höherem Einkommen fast immer eine wichtige Rolle. Welches sind die Motive der Frauen für die Selbstständigkeit?

Wenzel: Immer wieder hören wir von den Frauen, dass sie Familie und Job besser unter einen Hut bringen möchten durch flexiblere Arbeitszeiten. Tatsächlich sind die Arbeitszeiten in Betrieben und die Kinderbetreuungszeiten in Deutschland ja oft alles andere als flexibel. Qualifizierte Teilzeitstellen sind rar und unsere Frauen wollen meist in Teilzeit gründen, 20 bis 30 Stunden arbeiten bzw. ihre Arbeitszeiten dem Alter der Kinder anpassen.

Natürlich spielt es auch eine Rolle, dass gerade für Frauen, die schon etwas älter sind, der Wiedereinstieg in Zeiten starker Arbeitslosigkeit nicht einfach ist. Was mich aber besonders freut, ist, dass immer mehr Frauen zu uns kommen, die von einer ganz besonderen Idee erzählen, die es auf dem Markt noch nicht gibt und die man nur als Selbstständige realisieren kann.

Frage: Was sind die wichtigsten Anliegen der potenziellen Gründerinnen in den Seminaren? Wo besteht Nachholbedarf? Was wird an Fortbildung gewünscht?

Wenzel: Die Teilnehmerinnen bestürmen uns meist am Anfang schon mit Fragen zu Altersversorgung, Krankenversicherung und Steuern. Sie wollen wissen, welche Rechtsform für sie die geeignete ist. EDV-Fortbildungen und Kommunikationsseminare stehen hoch im Kurs. Nachholbedarf haben viele Frauen, gerade Geisteswissenschaftlerinnen, auch bei betriebswirtschaftlichen Themen: Die gute Idee allein reicht leider nicht, die Zahlen müssen auch stimmen und wohl oder übel müssen sich die Gründerinnen auch mit Kostenplänen beschäftigen. Fragen zur Finanzierung kommen seltener, da die Frauen meist Dienstleistungen anbieten, vom Home-Office aus arbeiten und nur kleine Investitionen tätigen.

Was die Teilnehmerinnen meiner Meinung nach aber am dringendsten brauchen, ist Marktkompetenz. Wo ist meine Zielgruppe, was bietet meine Konkurrenz an, welche Trends gibt es am Markt? Wenn ich die Frauen auffordere, erst einmal drei Monate Marktrecherche zu betreiben, ernte ich verständnislose Blicke.

Frage: Wie wichtig ist die Unterstützung der Familie?

Wenzel: Sehr wichtig. Im Vorfeld wird oft viel Unterstützung versprochen, anders sieht es oft aus, wenn die Partner sehen, wie viel Zeit ihre Frauen in das Unternehmen investieren müssen.

Frage: Wo gibt es Schwierigkeiten in der Gründungsphase?

Wenzel: Was ich beklage, ist mangelndes Networking und die zu geringe Bereitschaft, auf Kunden zuzugehen und unterwegs zu sein, um Kontakte zu knüpfen. Zweimal in der Woche sollten sich Jungunternehmerinnen auf Veranstaltungen blicken lassen. Das ist möglicherweise ein besonderes Problem von Familienfrauen, die nicht wagen, Freiräume einzufordern. Hier spielen vielleicht die Partner nicht mit.

Frage: Männliche Gründer müssen oft eine Familie ernähren. Familienfrauen, die mit einem Partner zusammenleben, müssen das in der Regel nicht. Welche Chancen und Risiken bietet diese andere Ausgangssituation?

Wenzel: Manchmal fehlt mit dem finanziellen Druck auch der ganz starke Antrieb, sich in die Akquise zu stürzen, das ist richtig. Andererseits sind viele Frauen so von ihrer Idee begeistert und haben so viel Überzeugungskraft und Ausstrahlung, dass sie trotzdem – oder gerade deshalb – erfolgreich sind. Der fehlende Erfolgsdruck beinhaltet ja auch eine Chance. Wer locker auftreten kann, kommt oft besser an als jemand, der den Auftrag ganz dringend benötigt.

Frage: Berufsrückkehrerinnen gründen seltener aus der Arbeitslosigkeit heraus, haben keinen Anspruch auf Überbrückungsgeld und sind also auch nicht gezwungen, einen Businessplan zu schreiben. Unternehmen mit Businessplan sind aber tragfähiger, hört man immer wieder.

Wenzel: Der Druck fehlt häufig, das stimmt. Aber wir versuchen, unseren Teilnehmerinnen einzubläuen, wie wichtig der Businessplan ist – wenn nicht fürs Arbeitsamt und die Banken, so doch für die eigene Finanzplanung und die eigene Motivation. Das zweite unserer Basis-Seminare dreht sich um konzeptionelle Fragen: Warum brauche ich einen Businessplan? Wie schreibe ich einen Businessplan? Nicht zuletzt, um den Frauen einen Anreiz für ihr Unternehmenskonzept zu bieten, haben wir den Gründungsplan-Wettbewerb BEST CONCEPT ins Leben gerufen, der 2005 zum zweiten Mal ausgeschieben wird.

Barbara Eder
Existenzgründung für Frauen
Koch Media Verlag 2001

Eine Bibel für Existenzgründerinnen, geschrieben von einer Gründungsberaterin. Kompetent und kompakt.

Birgitt Torbrügge
TeilzeitSelbstständigkeit
Verlag Frauenoffensive 2004

Was bedeutet überhaupt Teilzeitselbstständigkeit? Was kostet die soziale Absicherung? Darf ich mich während der Elternzeit selbstständig machen? Was ist zu beachten, wenn ich aus der Arbeitslosigkeit heraus ein Unternehmen gründe? Ein ausgezeichneter Ratgeber für Frauen, die ein Kleinunternehmen gründen wollen.

Finanztest extra:
Existenzgründung (herausgegeben von der Stiftung Warentest)
Berlin 2004

Empfehlenswerte Lektüre für Einsteiger ins Thema. Hilfreich auch die Tests zu Seminaren und Beratern.

Existenzielle
www.existenzielle.de

Das Magazin für selbstständige Frauen.

Onlinekurs für ExistenzgründerInnen:
http://www.fbwi.fh-karlsruhe.de/gruenderinnen/

Kostenloser Online-Kurs für Gründerinnen zu rechtlichen Themen, Kostenrechnung, Steuern und Marketing.

Gründerinnenagentur
www.gruenderinnenagentur.de

Die bundesweite Gründerinnenagentur (bga) ist das erste deutschlandweite Projekt zur Unterstützung von Existenzgründerinnen. Mit ihren Aktivitäten setzt sich die bga für ein gründerinnenfreundliches Klima in Deutschland ein. Das Internet-Angebot umfasst Gründungsinformationen, Arbeitshilfen, Veranstaltungshinweise und eine Online-Recherchefunktion zu Coaching- und Beratungsmöglichkeiten für Gründerinnen in ganz Deutschland. Die bundesweite Hotline unterstützt Gründerinnen in allen Fragen rund um ihr geplantes oder schon gegründetes Unternehmen. Die zentrale Hotline ist zu erreichen unter 0 18 05 / 22 90 22 von Montag bis Donnerstag (9–18 Uhr) und Freitag (9–16 Uhr).

Existenzgründerportal des Bundesministeriums für Wirtschaft und Arbeit
www.existenzgruender.de

Hier finden GründerInnen alle Informationen und wertvolle Tools für ihre Existenzgründung. Herzstück des Gründerportals ist das Expertenforum. Existenzgründer bekommen kompetente Antworten zu allen Aspekten der Gründung wie Finanzierung, Businessplan, Marketing. Verschiedene Datenbanken (Förder-Datenbank, Online-Hilfen, Adressdatenbank von Ansprechpartnern) runden das Angebot ab.

Interessant sind auch die Seiten speziell für weibliche Gründer: www.existenzgruender.de/gruenderinnen/index.ghg

Mentoring

Das Prinzip ist einfach, der Erfolg meist groß: Eine Frau mit viel Berufserfahrung (Mentorin) unterstützt eine Berufsanfängerin (Mentee) bzw. eine erfahrene Unternehmerin gibt ihr Wissen an eine Existenzgründerin weiter. Natürlich gibt es Seminare und Vorträge, aber Mentoring hat entscheidende Vorteile für Gründerinnen: Der Kontakt zwischen Mentee und Mentorin ist ganz auf das Zweierteam zugeschnitten, die Beratung ist höchst individuell und findet im geschützten Raum statt. Da die Mentorinnen meist ehrenamtlich arbeiten, ist diese Form der Unterstützung zudem kostengünstig.

Mentoring kann ganz wesentlich dazu beitragen, dass ein junges Unternehmen in den ersten Jahren nach der Gründung Stabilität bekommt und behutsam wachsen kann. Denn nach der erfolgreichen Gründung gehen die Probleme oft erst richtig los: Mentorinnen wissen aus eigener Erfahrung, wie man erfolgreich Verhandlungen führt, wie man Kunden gewinnt und bindet oder Kredite beantragt.

Wichtig ist, dass die Chemie zwischen Mentorin und Mentee stimmt. Im besten Fall ist die Mentorin eine Vertraute, die nicht nur Fachwissen, sondern auch Lebenserfahrung weitergibt. Einziger Nachteil: Bei der Suche nach einer Mentoring braucht frau Geduld – die Zahl der Gründungsmentorinnen ist begrenzt, denn Unternehmertum ist nun mal traditionell eine Männerdomäne.

Coaching

Hilfreich bei Existenzgründungen kann die Begleitung durch einen persönlichen Coach sein, einen Berater. Adressen bekommen Sie bei Anlaufstellen für Existenzgründer oder in Netzwerken. Hören Sie sich um, fragen Sie nach Referenzen, gehen Sie Empfehlungen nach und vereinbaren Sie ein Kennenlerngespräch. Entscheidend für den Erfolg ist, dass die Chemie zwischen Ihnen stimmt! Wichtig sind klare Absprachen: Welche Ziele verfolgen Sie, was erwarten Sie?

Ein Coach ist kein Guru. Aufgabe des Coaches ist es nicht, Ihnen zu sagen, was Sie tun und lassen sollen. Statt fertige Lösungen anzubieten, sollte er die richtigen

Fragen stellen, um die Lösungen, die schon in Ihnen schlummern, aufzudecken. Was Sie jedenfalls nicht erwarten sollten, sind Patentrezepte.

Ein Coach ist auch kein Therapeut. Ein Therapeut richtet den Blick in die Vergangenheit, um zu erforschen, warum wir so handeln, wie wir handeln. Ein Coach richtet den Blick in die Zukunft. Er möchte Ihnen helfen, in Zukunft so zu handeln, dass Sie ihre Ziele erreichen.

Erfolgsteams

Eine Alternative zur Beratung durch einen Coach sind Coaching-Runden, so genannte Erfolgsteams. Man versteht darunter kleine persönliche Netzwerke, in denen sich Menschen gegenseitig dabei unterstützen, ihre individuellen Ziele zu erreichen. Die Mitglieder eines Erfolgsteams treffen sich regelmäßig und arbeiten nach einer klaren Struktur miteinander.

Mentoringprogramm nur für Frauen

Twin

Das Kürzel steht für Two Women Win – Zwei Frauen gewinnen. Das Mentoringangebot vermittelt Kontakte zwischen Unternehmerinnen (Mentees), die seit einem Jahr, aber nicht länger als drei Jahre selbstständig sind, und erfahrenen Unternehmerinnen (Mentorinnen). Im Mittelpunkt steht der Erfahrungsaustausch. Weitere Informationen:

Käte-Ahlmann-Stiftung, Bergstraße 91, 44791 Bochum,
Hannelore Scheele, Tel.: 02 34 / 239 - 57 57, Fax 02 34 / 239-57 59,
www.kaete-ahlmann-stiftung.de

www.expertinnen-beratungsnetz.de
Das Expertinnenberatungsnetz bietet Mentoring und berufliche Beratung für Frauen in Hamburg, München, Berlin, Köln, Bremen und Dresden.

Mentoring für beide Geschlechter

www.althilftjung.de
www.aktivsenioren.de

Experten aus unterschiedlichen Bereichen, die aus dem Berufsleben ausgeschieden sind, unterstützen Gründer.

Coaching
www.ihk.de
Die IHK hilft Existenzgründern mit Gesprächen und Seminaren weiter, oft werden auch Coachingprogramme angeboten.

6.5 Von der Idee zum Konzept

Viele Frauen kommen desillusioniert aus dem Existenzgründungsseminar zurück. Sie haben erfahren, wie viel Mühe in einer Unternehmensgründung steckt, wie viel (unbezahlte) Arbeitszeit sie investieren müssen, bevor das Unternehmen Gewinn abwirft. Und sie haben gelernt, wie viel Geld sie verdienen müssen, damit das Unternehmen rentabel ist.

Wenn Sie sich trotzdem nicht haben abschrecken lassen, weil Sie überzeugt sind, dass Sie eine Marktlücke gefunden haben, dann starten Sie durch! Bevor Sie sich an Ihr Firmenkonzept machen, stellen Sie sich folgende Fragen:

- Wem nutzt mein Produkt?
- Wo ist meine Zielgruppe?
- Wo tummeln sich meine Konkurrenten? Welche Stärken und Schwächen haben diese?
- Wie kann ich mich von anderen abheben? Wie komme ich an Kunden?
- Wie viel muss/will ich mit meinem Unternehmen mindestens verdienen?

Versuchen Sie anhand der Analyse Ihre Idee auszufeilen, eine Nische zu finden, in der Sie sich etablieren können. Diese Vorüberlegungen bilden schon die Basis für den Businessplan und legen den soliden Grundstein für Ihren Erfolg.

Halten Sie Ihre Gedanken unbedingt schriftlich fest. Nun können Sie beginnen, Ihre Idee zu entfalten und daraus Ihr persönliches Firmenkonzept zu entwickeln.

Stolpersteine für Gründer

Wer erfolgreich sein möchte, sollte wissen, warum viele Unternehmen sich nicht am Markt etablieren können. Wer die Risiken kennt, kann sie gezielt vermeiden.

Viele Unternehmen scheitern, weil bereits in der Gründungsphase falsche Entscheidungen getroffen wurden oder – noch häufiger – Entscheidungen nicht getroffen wurden.

Ungenügende Kenntnis des Marktes, Fehleinschätzung der Marktentwicklung, Unterschätzung der Konkurrenzsituation, Überschätzung der Nachfrage. Die Begeisterung für die eigene Geschäftsidee ist entscheidend für den Erfolg, dennoch sollten Sie den Markt gründlich erforschen: Wie groß ist der Markt für mein Produkt? Unterliegt es Moden? Wie kaufkräftig ist die Zielgruppe?

Fehlendes Marketingverständnis. Marketing ist nicht gleich Werbung. Fragen Sie sich im Vorfeld, warum der Kunde gerade Ihr Produkt kaufen sollte. Wie unterscheidet es sich von Konkurrenzprodukten? Sind Ihre Preise wettbewerbsfähig?

Achtung: Das bedeutet nicht, dass Sie Ihre Produkte nur über den Preis verkaufen sollen. Wenn Sie Preisdumping betreiben – vielleicht weil Sie nicht vom Erlös Ihres Unternehmens leben müssen –, machen Sie sich Feinde und zeigen wenig Professionalität.

Überschätzung der unternehmerischen Fähigkeiten. Sie sind Fachfrau in Ihrem Gebiet. Wunderbar. Aber verlassen Sie sich nicht ausschließlich auf Ihre Expertise. Bevor Sie Ihr Produkt bis ins Letzte ausfeilen: Denken Sie daran, dass Sie es auch verkaufen müssen und dass Kommunikationsfähigkeit und Verhandlungsgeschick oft wichtiger sind als Fachwissen.

Unterschätzung der Anlaufphase. In der Regel vergehen einige Monate, bis die ersten Aufträge akquiriert sind. Noch mehr Zeit vergeht, bis das erste Geld fließt. Finanzierungspläne sind oft zu optimistisch angesetzt, die finanziellen Reserven frühzeitig erschöpft.

Fehlendes Risikomanagement. Ohne zu pessimistisch zu sein: Denken Sie auch daran, was passiert, wenn das Konzept nicht aufgeht und Sie das junge Unternehmen wieder aufgeben müssen. Wenn Sie allein für die Familie sorgen müssen: Gibt es finanzielle Reserven, die die Existenz abdecken? Welche beruflichen Möglichkeiten haben Sie bei einem eventuellen Fehlschlag?

Darüber hinaus gibt es frauenspezifische Stolpersteine, die sich meist daraus ergeben, dass weibliche Karrieren durch die Familienzeit unterbrochen werden. Wer weniger Berufserfahrung hat, hat aber auch schlechtere Chancen auf einen erfolgreichen Start in die Selbstständigkeit.

Fehlendes Gründungskonzept. Frauen gründen meist im Dienstleistungsbereich mit eigenen finanziellen Mitteln oder Familienunterstützung. Oft wird deshalb die schriftliche Fixierung eines Konzepts oder eines ausgefeilten Businessplans vernachlässigt. Auch wenn Sie weder Fördergelder noch Bankkredite beantragen: Formulieren Sie Ziele und Strategien schriftlich. Wie viel Umsatz muss ich erwirtschaften, um nach Abzug aller Kosten meinen Lebensunterhalt finanzieren zu können? Wann sollen welche Ziele erreicht sein? Wann sollen wie viele potenzielle Kunden angesprochen, wann wie viele Abschlüsse gemacht, wann welcher Umsatz erreicht werden? Wenn Träume zu Zahlen werden, entscheidet sich oft, ob ein Unternehmenskonzept tragfähig ist.

Schlechte Branchenkontakte. Frauen verfügen meist über weniger Branchenkontakte als ihre männlichen Kollegen. Es fehlt eine Einbindung in berufliche Netzwerke im Absatzbereich. Gründerinnen sind weniger umtriebig. Gerade Familienfrauen versäumen es, dort unterwegs zu sein, wo die Kunden sind. So bleiben Frauen oft Einzelkämpferinnen in einer Nische. Es lohnt sich, einmal in der Woche einen Babysitter zu beschäftigen, um einen Termin wahrzunehmen und zu kontakten. Beginnen Sie damit, Ihr persönliches Business-Netzwerk zu spannen (mehr dazu unter dem Punkt Networking).

Zusatzbelastung Familie. Frauen tragen die Hauptlast der Familie und haben weniger Zeit für das Unternehmen. Dazu kommt eine alte Weisheit: Gründer haben eine Frau im Rücken, Gründerinnen einen Mann oder gar die ganze Familie im Nacken. So manche Gründerin unterschätzt Probleme mit einer Familie, die sich vernachlässigt fühlt. Deshalb sollten angehende Unternehmerinnen ihre Familie frühzeitig darauf vorbereiten, dass sie Freiräume für ihr Geschäft brauchen.

Mangel an Eigenkapital. Durch Familienarbeit haben Frauen weniger Gelegenheit Geld anzusparen und entsprechend weniger Geld, das Sie in die Gründung investieren können.

Weniger Fördermöglichkeiten. Förderrichtlinien orientieren sich oft an männlichen Gewohnheiten. Die Investitionen, die Frauen tätigen möchten, liegen oft unter den Mindestfördersummen. Zudem werden oft nur Vollzeit-, aber keine Teilzeitexistenzen gefördert. Von Kreditgebern fühlen sich Gründerinnen oft nicht ernst genommen.

Sich nicht ernst genommen fühlen. Noch immer werden Frauen, die im Home-Office tätig sind, nicht ernst genommen. Frauen, die durch ihren Mann abgesichert sind, haben unter dem Vorurteil zu leiden, ihr Unternehmen sei ein Steuersparmodell für den Ehemann oder bloßer Zeitvertreib.

Wie Sie Stolpersteine und weitere Hürden mithilfe einer guten Planung und Vorbereitung Ihrer Existenzgründung umgehen können, erfahren Sie unter www.gruenderleitfaden.de.

Gründen im Team

Mehrere Gründe sprechen für die Unternehmensgründung im Team: Im Idealfall ergänzen sich die Partnerinnen fachlich. Christiane und Anne von Aupair-Partners sind ein ideales Gründerinnenteam. Christiane hat viel Erfahrung im interkulturellen Bereich, Anne ist Spezialistin für Personal- und Finanzfragen. Doch abgesehen von der fachlichen Ergänzung finden beide: „Zu zweit macht die Arbeit mehr Spaß."

In Krisenzeiten kann man sich gegenseitig motivieren. Für Gründerinnen kann die wechselseitige Unterstützung bei der Kinderbetreuung Entlastung schaffen. Fällt eine der Partnerinnen aus, weil sie ein krankes Kind zu betreuen hat, kann der Bürobetrieb trotzdem aufrechterhalten werden. Wer nur in Teilzeit gründen möchte, kann sich eventuell die Bürozeiten mit der Partnerin aufteilen. Auch die Finanzierung von notwendigen Anschaffungen fällt im Team leichter.

Entscheidend für den Erfolg des Unternehmens ist die Wahl der richtigen Partnerin. Wer die Gründungspartnerin auch mit ihren Schattenseiten kennt, ist vor bösen Überraschungen gefeit. Wichtig ist gegenseitige Wertschätzung. Freundschaften sind dagegen keine Gewähr dafür, dass man sich bei der Unternehmensführung gut ergänzt. Unterschiedliche Temperamente sind kein Hinderungsgrund – im Gegenteil: Vielleicht ist die extrovertierte der Partnerinnen ein Akquisetalent, während der ruhigere Part die Buchhaltung fest im Griff hat, die organisatorischen Fäden straff in der Hand hält.

Eine klare Aufgabenverteilung ist unerlässlich, genauso muss im Vorfeld festgelegt werden, wie Entscheidungen für das gemeinsame Unternehmen getroffen werden und wer für welche Entscheidungen zuständig ist. Ferner müssen die Rahmenbedingungen bei der Arbeit und die Ziele festgelegt werden. Mögliche Konflikte sollten vor der Gründung ausführlich besprochen und Lösungen sollten schriftlich festgehalten werden.

Drum prüfe, wer sich ewig bindet, heißt es so schön. Manchmal gibt es Möglichkeiten, die Partnerschaft auszutesten, indem man eine Kooperation für einzelne Projekte eingeht oder eine Partnerin die andere als Subunternehmerin beschäftigt. Wenn das gut klappt, können Sie über eine dauerhafte Kooperation nachdenken.

Isabelle hat beste Erfahrungen gemacht: „Viele Frauen haben Probleme damit, Familie und Firma unter einen Hut zu bringen. Diese Schwierigkeiten brachten mich schnell auf den Gedanken, eine Art Solidaritätsnetzwerk auf die Beine zu stellen. Ich habe Kolleginnen, die im Prinzip in der gleichen Situation sind wie ich, um Unterstützung gebeten und im Gegenzug meine Hilfe zugesagt. Im Laufe der Jahre hat sich hier eine wunderbare Kooperation entwickelt. Wir sind ungefähr sechs bis acht Frauen, die eng zusammenarbeiten: Wir bilden ein Team, was selten ist im Beruf der Übersetzerin“, schwärmt sie.

Ulrike Bergmann
Start frei zur Kooperation
Wie Sie für Ihr Unternehmen den richtigen Partner finden
Financial Times Prentice Hall 2002

Wie man den richtigen Geschäftspartner findet und erfolgreich zusammenarbeitet

Der Businessplan

Grundlage für jede Gründung ist das Geschäftskonzept, der Businessplan. Selbst wenn Sie keine Unterstützung vom Arbeitsamt bekommen und keine finanziellen Fördermittel in Anspruch nehmen wollen: Ein gutes Konzept ist die Basis des Erfolgs.

Ein guter Businessplan ist gewissermaßen das Drehbuch für Ihre künftige Selbstständigkeit. Das Schreiben kostet viel Zeit, aber diese Zeit ist gut investiert. Wichtig ist, dass Sie ihn nicht, sobald er geschrieben ist, auf ewig in irgendeiner Schublade vergraben. Nehmen Sie ihn sich von Zeit zu Zeit wieder vor und fixieren Sie auch mögliche Veränderungen, wenn sich die Ausrichtung Ihres Geschäfts dem Markt angepasst hat.

Für den Antrag auf Überbrückungsgeld, aber auch für Gespräche mit Kreditgebern benötigen Sie von einem Experten oder einer Expertin die Bestätigung, dass Ihr Unternehmenskonzept „tragfähig“ ist. Eine solche Begutachtung erhalten Sie bei Existenzgründungsberatungen, bei Steuerberaterinnen und Steuerberatern, bei den Industrie- und Handelskammern und ähnlichen Stellen.

Wie umfangreich ein Geschäftsplan sein muss, hängt wesentlich von Ihrer Geschäftsidee ab. Diese Punkte sollten auf jeden Fall enthalten sein:

Executive Summary. Fassen Sie auf einer oder zwei Seiten alle wesentlichen Fakten Ihres Businessplans zusammen, sodass Ihr Vorhaben auf einen Blick zu erfassen ist. Nennen Sie in tabellarischer Form die Geschäftsidee, die wichtigsten Angaben zu Ihrer Person, den geplanten Zeitpunkt der Gründung, die Finanzierung, Partner (falls geplant).

Stärkenprofil. Listen Sie in tabellarischer Form die Stationen Ihres Berufslebens und die Qualifikationen, die Sie im Beruf oder nebenberuflich erworben haben (EDV-Kurse, Rhetorikseminare etc.), auf. Wenn Sie besondere Stärken haben, so beschreiben Sie, wo diese schon zum Einsatz gekommen sind. Auch Tätigkeiten während der Elternzeit können hier aufgeführt werden: „Als Elternbeiratsvorsitzende im Kindergarten meines Sohnes habe ich einen Tag der offenen Tür organisiert, Flyer gestaltet und eine Diskussionsveranstaltung geleitet." Oder: „Im Sportverein bin ich für die Finanzverwaltung zuständig."

Geschäftsidee. Womit wollen Sie in Zukunft Ihr Geld selbstständig verdienen? Nennen Sie den Grundgedanken und beschreiben Sie Ihr Vorhaben so, dass es auch ein Laie verstehen kann. Machen Sie deutlich, worin der Nutzen beziehungsweise das Alleinstellungsmerkmal Ihrer Geschäftsidee liegt.

Rechtlicher Rahmen. Gründen Sie ein Einzelunternehmen oder haben Sie Partner? Sind Sie Gewerbetreibende oder Freiberuflerin? Werden Sie Personal einstellen?

Leistungsangebot. Was bieten Sie an?

Marktchancen. Wo ist ihre Zielgruppe? Welche Bedürfnisse hat diese Gruppe und welchen Nutzen haben Ihre Produkte für diese Gruppe? Wie hat sich die Branche, in der Sie tätig sein wollen, in den letzten Jahren entwickelt? Die entsprechenden Informationen erhalten Sie beispielsweise bei Berufsverbänden, Industrie- und Handelskammern und beruflichen Netzwerken. Auch Internetrecherchen können hilfreich sein.

Konkurrenzanalyse. Wo ist die Konkurrenz? (Recherchieren Sie im Internet, in den Gelben Seiten, in Branchenbüchern etc.) Wie heben sich Ihre Dienstleistungen oder Produkte von denen der Konkurrenz ab?

Marketing. Wie gehen Sie auf potenzielle Kunden zu? Wie wollen Sie werben? Wie sieht Ihre Preisgestaltung aus? Verfügen Sie über genügend Kontakte in der Branche, engagieren Sie sich in Verbänden oder Netzwerken? Welche Rolle spielt der Unternehmensstandort für die Firma, die Sie gründen möchten?

Finanzierung. Wie viel Geld brauchen Sie für die Gründung? Auch wer ohne große geschäftliche Investitionen startet, beispielsweise als Freiberuflerin, hat Finanzierungsbedarf. Denn zu Beginn werden Sie nicht sofort Ihren Lebensunterhalt verdienen und eine anfängliche Durststrecke überbrücken müssen. Auch brauchen Sie sicher eine Geschäftsausstattung und ein Budget für Werbung.

Erstellen Sie deshalb einen realistischen **Kapitalbedarfsplan** (geplante Ausgaben für Investitionen und Betriebsmittel) und einen Liquiditätsplan. Eine fundierte **Liquiditätsvorschau** zeigt Ihre Zahlungsfähigkeit für einen bestimmten Zeitraum an. Listen Sie auf, mit welchen Einnahmen, welchen Ausgaben Sie rechnen – mindestens für sechs Monate, am besten für ein ganzes Jahr. In der **Umsatz- und Rentabilitätsvorschau** stellen Sie Ihren erwarteten Umsatz den Kosten gegenüber und ermitteln so den Jahresüberschuss. Denn entscheidend für die Tragfähigkeit Ihrer Selbstständigkeit sind nicht etwa die Einnahmen, sondern das, was Ihnen davon bleibt: der Gewinn. Erklären Sie, wie lange es dauern wird, bis Sie tatsächlich „schwarze Zahlen" schreiben, und wie Sie diesen Zeitraum finanziell überbrücken können („Break-even-Point"). In so genannten Best-/Worst-Case-Szenarien sollten Sie jeweils schildern, wie ein optimaler Geschäftsverlauf aussieht und wie ein Negativfall verlaufen könnte – und wie Sie einen schlechten Verlauf finanziell auffangen können.

Wichtig bei Teilzeitgründungen durch Frauen! Setzen Sie sich nicht unter Erfolgsdruck, indem Sie meinen, mit Ihrem Unternehmen die ganz Familie ernähren zu müssen. Gehen Sie nicht von dem Einkommen in einer Vollzeitstelle aus, wenn Sie nur Teilzeit arbeiten würden. Messen Sie Ihr Unternehmerinnengehalt an dem Verdienst in einem durchschnittlichen Teilzeitjob bei Steuerklasse 5.

Zukunftsperspektiven. Schildern Sie, wie Sie sich die Entwicklung Ihrer Selbstständigkeit in den nächsten fünf Jahren vorstellen, in welchem Rahmen Sie wachsen wollen und ob Sie Angebot und eventuell Personal aufstocken wollen.

Helmut Schoeffling
So erstellen Sie einen Business-Plan – Handbuch für Existenzgründer (mit CD-ROM)
Interna Aktuell 2001

Anna Nagl
Der Businessplan
Gabler Verlag 2003

Das Wichtigste in Kürze

Gruenderstadt.de – Die große Plattform rund um die Existenzgründung
www.gruenderstadt.de

Info-Pool Existenzgründung mit vielen Diskussionsforen

Akademie.de
www.gruenderlinx.de

Interessante Artikel und Online-Workshops rund um Job- und Karrierethemen für Mitglieder. Mitgliedschaft auf Probe für 14 Tage möglich.

Business-Wissen.de
www.business-wissen.de

Business-Portal mit (kostenpflichtigen) Online-Kursen zu Karrierethemen

KfW Mittelstandsbank
www.kfw-mittelstandsbank.de

Die Mittelstandsbank ging aus der deutschen Ausgleichsbank (dta) und der Kreditanstalt für Wiederaufbau (KfW) hervor. Mit einem Special zu Gründerinnen sowie ausgezeichneten Infos zu Förderprogrammen und zur Erstellung des Businessplans.

Geschäftsideenwettbewerbe

Businessplanwettbewerbe sind eine feine Sache. Zu gewinnen gibt es oft Preisgelder, manchmal auch Sachpreise. Doch entscheidend für die Teilnahme sollten nicht die Preise sein, sondern die Betreuung und die kostenlose Bewertung des Geschäftskonzeptes durch Spezialisten. Deshalb kann ein kleinerer Wettbewerb mit wenigen Teilnehmern und einer persönlichen Betreuung der bessere Wettbewerb sein.

Die Gründerinnen-Initiative EFFEKT! (siehe S. 160) hat mit „Best Concept" einen Wettbewerb nur für Frauen (www.effekt-online.de) ins Leben gerufen.

Insgesamt gibt es in Deutschland mehr als 300 Wettbewerbe rund um die Geschäftsideen und Existenzgründung. Einen Überblick gibt Ihnen die Website www.biz-awards.de.

Alternativen zur eigenen Geschäftsidee: Franchising & Direktvertrieb

Manchmal ist der Wunsch nach einer selbstständigen Tätigkeit groß, aber die zündende Geschäftsidee stellt sich nicht ein. Dann sollten Sie sich mit Franchising-Modellen oder auch mit einer Tätigkeit im Direktvertrieb beschäftigen.

Franchising – Gründen mit Sicherheitsnetz

Sie möchten das Risiko, eine Marke neu auf dem Markt zu etablieren, nicht in Kauf nehmen, sondern ein fertiges Konzept erwerben? Franchising heißt das Zauberwort.

Als Franchise-Nehmer übernehmen Sie die Geschäftsidee, den Namen, Know-how und Marketing eines Franchise-Gebers, lassen sich schulen und regelmäßig betreuen. Gegen Gebühr räumt er dem Franchise-Nehmer das Recht ein, seine Waren und Dienstleistungen zu verkaufen. Sie erhalten die Gewähr, dass kein anderer Franchise-Nehmer in Ihrem Einzugsgebiet einen Betrieb eröffnet. Sie haben weniger Entscheidungsfreiheit, aber auch ein geringeres Risiko. Startkapital ist zwar notwendig, dafür haben Sie als Vertreter einer eingeführten Marke einen Vertrauensvorsprung bei Ihren Kunden, einen starken Partner im Hintergrund.

Derzeit gibt es in Deutschland über 1000 Franchise-Systeme am Markt. Das Spektrum reicht von Gastronomie und Einzelhandel über Reisebüros bis hin zu Musikschulen und Fitnessbetrieben. Gut die Hälfte aller Franchise-Anbieter hierzulande sind Mitglieder im Deutschen Franchise-Verband (www.dfv-franchise. de/ index_d.htm), der über Richtlinien verfügt, die seriöse von weniger seriösen Anbietern trennen. Auch bei Industrie- und Handelskammern, Handwerkskammern und Banken sowie Wirtschaftsverbänden kann man sich über Franchiseunternehmen informieren.

Tipps, worauf Franchise-Nehmer bei der Franchise-Auswahl und Partnersuche achten sollten, finden Sie hier:

www.existenzgruender.de/imperia/md/content/pdf/gz04.pdf
www.franchise-net.de/de/index.html

Ernst Wilhelm
Das ABC des Franchisings
Ein Leitfaden für Franchisenehmer und -geber
Lexika-Verlag 2002

Direktvertrieb – Shopping-Partys für Verkaufsgenies

Waren Sie auch schon auf einer Tupperparty? Diese Art des Verkaufs entspricht genau dem Prinzip des Direktvertriebs. Längst werden auch zahllose andere Produkte durch Beraterinnen an die Frau gebracht. Die Angebotspalette umfasst im wesentlichen Haushalts-, Kosmetik- und Wellnessprodukte. Kennzeichnend für den Direktvertrieb ist, dass Waren und Dienstleistungen fast immer in häuslicher Umgebung feilgeboten werden und der direkte, persönliche Kontakt zwischen Anbieter und Kunde entscheidend ist.

Die Akquise von Arbeitskräften erfolgt durch Inserate. Darin werden Hausfrauen mit kleinen Kindern, die sich etwas dazuverdienen wollen, direkt angesprochen. Oft ist von satten Gewinnen die Rede. Was sich einfach anhört, ist jedoch oft Knochenarbeit. Vorsicht ist geboten, wenn von Multi-Level-Marketing die Rede ist. Diese Sonderform des Direktmarketings kennzeichnet, dass weitere Vertriebsmitarbeiter gewonnen werden müssen, wodurch hierarchische Vertriebssysteme entstehen. In diesem Bereich tummeln sich viele schwarze Schafe.

Bevor Sie auf Versprechen hereinfallen, schauen Sie genau, was Ihnen für welchen Einsatz geboten wird. Einen Seriositätstest finden Sie hier:

www.existenzgruender.de/imperia/md/content/pdf/checklisten/checkliste_nr23.pdf

Allgemeine Informationen erhalten Sie auch beim **Bundesverband Direktvertrieb:**

www.bundesverband-direktvertrieb.de/start.htm

Selbst wenn das Unternehmen, für das Sie sich interessieren, absolut seriös ist, prüfen Sie, ob Sie für diese Form des Nebenerwerbs geeignet sind. Ein Vorteil ist sicher, dass die Veranstaltungen meist abends stattfinden. Zu dieser Tageszeit ist die Kinderbetreuung meist durch den Partner abgesichert und Sie können sich Ihre Zeit frei einteilen.

Ganz entscheidend für Ihren Erfolg im Direktvertrieb ist, dass Sie von dem Produkt, das Sie verkaufen wollen, hundertprozentig überzeugt sind. Außerdem ist es wichtig, dass Sie über einen großen Bekanntenkreis verfügen und dass es Ihnen leicht fällt, Menschen anzusprechen und für Ihre Veranstaltungen zu werben. Wenn Sie ein kommunikativer Mensch und dazu ein Verkaufsgenie sind, kann diese Art des Gelderwerbs Spaß machen und durchaus etwas einbringen.

6.6 Gründerinnengeschichten

Eine Geschäftsgründung ist wie eine Entdeckungsreise. Wer nicht wachsam ist und die Vorbereitung vernachlässigt, kann Schiffbruch erleiden und untergehen. Und gerade Müttern, die neben dem Geschäft auch noch Kinder und Haushalt zu managen haben, wird es nicht leicht gemacht. Durchhaltevermögen, Zähigkeit und der Glaube an die Idee führen aber meist zum Ziel. Und eines kommt bei Jungunternehmerinnen sicher nie auf: Langeweile.

Mission und Geschäft gehen Hand in Hand

Christiane Wesselowsky und Anne Baumgartner –
Aupair-Partners, Vermittlung von Aupairs (www.aupair-partners.com)

Christiane Wesselowsky (39) studierte Asienwissenschaften mit dem Schwerpunkt Japanwirtschaft. Nach ihrer Promotion und einigen Jahren wissenschaftlichen Arbeitens stand sie an einem Scheidepunkt: Familie oder wissenschaftliche Karriere. Für die Familie verzichtete sie auf die Habilitation.

Anne Baumgartner (36) war nach dem Studium der Betriebswirtschaftslehre mehrere Jahre als leitende Angestellte im Einzelhandel tätig und sammelte anschließend Erfahrungen in der Personalvermittlung. Genau wie Christiane ist sie Mutter von zwei Kindern.

Christiane suchte den Wiedereinstieg, Anne war unglücklich in einer Teilzeitstelle ohne Aufstiegschancen und Perspektiven. Als sich die beiden Münchnerinnen im Kindergarten kennen und schätzen lernten, begannen sie gemeinsam nach einer Idee für die Selbstständigkeit zu suchen.

Christiane machte gerade erste Erfahrungen mit einem Aupair-Mädchen. Sie schätzte die neuen Freiheiten und das internationale Flair, das das Mädchen in die Familie brachte. „Ich konnte nicht mehr nach Asien reisen, also holte ich mir Asien ins Haus." Die Idee „Aupair-Agentur" wurde geboren, und im Frühjahr 2004 gingen die Aupair-Partners ins Netz.

Die besonderen Kompetenzen der beiden ergänzen sich perfekt: Christiane steuert die interkulturelle Kompetenz bei, Anne ihre Erfahrung als Personalerin. Die beiden Familienfrauen genießen es, ihre Ideen von eigenverantwortlichem und selbstständigem Arbeiten zu verwirklichen. Sie haben viel Spaß bei der Arbeit: „Flyer und Website haben wir selbst entworfen. Wir akquirieren Aupairs im Ausland, bringen Arbeitgeber und Kandidaten zusammen, betreiben Krisenmanagement und kümmern uns um die Finanzen. Wenn das nicht kreativ ist ..." Anne und Christiane schätzen nicht nur den unternehmerischen Aspekt ihrer Firma. Ihnen gefällt, dass Sie mit Ihrer Geschäftsidee anderen Frauen helfen können und den Kulturaustausch fördern.

Die Spezialität der beiden sind Aupairs aus Asien. Kein Wunder, bei Christianes Hintergrund: „Für mich ist das ein bisschen ‚back to the roots'", gibt sie zu.

Das erste Jahr war viel versprechend. Was die Gewinnerwartungen angeht, haben die beiden Partnerinnen eine realistisch-pragmatische Haltung: „Von unserem Einkommen könnten wir nicht die Familie ernähren", räumt Anne ein, „aber was verdient man denn mit einem Teilzeitjob bei Steuerklasse 5?"

Für die Zukunft haben sie sich viel vorgenommen: Sie möchten sich auf dem deutschen Markt positionieren und ihren Asien-Schwerpunkt ausbauen. Dabei streben sie ein behutsames Wachstum an: „Mit den Bedürfnissen der Kinder wird sich vielleicht auch das Geschäftsfeld verändern", verrät Christiane. „Vielleicht vermitteln wir in einigen Jahren auch Gastschüler ins Ausland."

Die ganze Stadt als Arbeitsplatz

Thea Christians –
MünchenGuides, Stadtführungen in München (www.muenchen-guides.de)

Thea Christians (45) arbeitete vor der Familienzeit als Redakteurin in einem geografischen Verlag. Als ihr Sohn ein Jahr alt war, wollte sie zurück – aber nur für 20 Stunden. Doch Teilzeitstellen gab es nicht. Die Diplomgeografin wurde wieder schwanger – und mit zwei Kindern war die Rückkehr in den Beruf erst einmal aufgeschoben. Sie genoss es, Zeit für die Kinder zu haben, und vermisste nur „ein bisschen Futter für den Geist". Nach fünfeinhalb Jahren Familienzeit wollte sie endlich wieder durchstarten. Ein schwerer Unfall durchkreuzte alle Pläne und setzte sie für mehrere Jahre außer Gefecht.

Als sie in der Zeitung von einem Kurs für Gästeführer in München las, horchte sie auf und schrieb noch am nächsten Tag ihre Bewerbung. „Bewerberinnen sollten nicht älter als 40 sein. Da mein 40. Geburtstag kurz bevorstand, hieß es höchste Eisenbahn", erinnert sie sich.

Im Bewerbungsgespräch konnte sie damit Eindruck machen, dass sie neben Deutsch und Englisch noch Kroatisch sprach. Als eine von zwanzig Teilnehmerinnen wurde sie ausgewählt. Es folgten drei harte Monate, in denen sie Kunstgeschichte, Münchner Stadtgeschichte und Literatur büffelte und ihre Sprachkenntnisse auf den neuesten Stand brachte. Aber auch über Bierbrauerei und Fußball müssen Stadtführerinnen Bescheid wissen. Viel Stoff also für die Prüfung, die in drei Sprachen absolviert werden musste. Alles kein Problem für Thea, die topmotiviert war und mit Feuereifer bei der Sache.

Nach der bestandenen Prüfung meldete sich das Fremdenverkehrsamt anfangs recht sporadisch mit Aufträgen. Mit einigen Stunden pro Woche waren die Führungen für Thea nicht mehr als ein Minijob. Dazu kam die tote Saison im Winter. Das reichte ihr bald nicht mehr: „Ich wolle nicht mehr abhängig vom Fremdenverkehrsamt sein, sondern wollte eigene Kunden akquirieren, auch außerhalb der Hochsaison beschäftigt sein."

Mit einer Kollegin zusammen schmiedete sie ein Konzept für eine Stadtführer-Agentur. So wurde aus dem Minijob ein kleines Unternehmen. Flyer wurden gedruckt, eine Website konzipiert. „Finanzpläne liegen uns beiden nicht besonders", gibt Thea zu. Dafür sind sie ungeheuer kreativ. „Es gibt keine Routine", schwärmt die München-Spezialistin. „Keine Führung ist wie die andere. Ich bestimme die Inhalte und jede Gruppe ist besonders. Eine Schulklasse fordert mich anders heraus als Kongressteilnehmer oder ein Geschichtsverein. Und im Winter arbeite ich neue Rundgänge aus."

Neuestes Produkt des Frauenteams ist ein Spaziergang auf den Spuren Münchener Hoflieferanten – eine wunderbare Route für Frauengruppen.

Was noch fehlt, ist das regelmäßige Einkommen. „Es muss nach der Anlaufphase einfach mehr werden", hat Thea erkannt. Die Ziel ist deshalb klar: neue Produkte und mehr eigene Kunden. Irgendwann möchte Thea so weit sein, dass sie sich ausschließlich den Firmenkontakten widmen und freie Mitarbeiter einsetzen kann.

Vom Versuch, Kinder und Firma unter einen Hut zu bringen

Barbara Schmidt-Mangels –
Agentur für Marketing (www.agentur-fuer-marketing.de)

Barbara eröffnete vor einigen Jahren eine Agentur für Wissenschaftsmarketing. Das Projekt lief gut an. So ganz nebenbei zog sie vier Kinder – einen Sohn und Drillingsmädchen – groß. Großfamilien werden in der Single-Stadt München aber bestaunt wie seltene und gefährliche Tiere. „Von den lieben Mitbürgern wurde mir ständig klar gemacht, dass vier Kinder eindeutig zu viel seien." Also raus aufs Land.

Der Umzug an den Ammersee machte die Kinder glücklich, für Barbara bedeutete der Umzug allerdings erst einmal das berufliche Aus. „Es gab keinen Vormittagskindergartenplatz für meine Kinder. Mein ältester Sohn ging morgens in die Schule und die drei Kleinen waren zu Hause. Nach dem Mittagessen brachte ich die Drillinge für drei Stunden in den Kindergarten und nutzte die Zeit, um mit meinem ältesten Sohn die Schulaufgaben zu machen. Wenn dann abends alle meine Lieben im Bett waren, las ich meine Fachzeitschriften und versuchte mich zumindest theoretisch auf dem Laufenden zu halten."

Mit der Einschulung der Drillinge wurde die Situation kaum besser. Um Gesprächstermine bei potenziellen Kunden in München wahrnehmen zu können, hätte sie eine Haushaltshilfe einstellen müssen. Die aber kosten viel Geld.

Kosten für die Büroführung, für Fortbildung und Akquise fielen an, obwohl die Einkünfte gering waren. Das Finanzamt erklärte das Unternehmen zur Liebhaberei und forderte Steuernachzahlungen. „Dank meiner Steuerberaterin und durch ein persönliches Gespräch mit dem Finanzbeamten, der zum Glück selbst Kinder hatte, gelang es mir, die Steuernachzahlung abzuwenden", klagt sie und ärgert sich maßlos, dass Unternehmerinnen mit Kindern das Leben so schwer gemacht wird. „Wenn ich nicht aus einer Unternehmerfamilie stammen würde und mit Mantras wie ‚Leben heißt Kämpfen' aufgewachsen wäre, hätte ich schon längst das Handtuch geworfen und die Arbeitslosenstatistik um eine weitere Nummer bereichert."

Ein Arbeitsplatz nach Maß

Dietlind Eggert-Scholze –
wortundweb, Text – Internet – Seminare (www.wortundweb.de)

Dietlind Eggert-Scholze (45) hat ein Diplom in Agrarbiologie. Ihre kurze Zeit als Angestellte nach dem Studium bezeichnet sie als glücklos. Glücklicher war für die

Mutter zweier Söhne die Familienzeit. Und irgendwo war der Gedanke an die Selbstständigkeit ständig im Kopf.

„Wann die Idee für das eigene Unternehmen zum Wunsch und wann der Wunsch zum Ziel wurde, kann ich nicht mehr genau sagen. Bei mir lagen Jahre dazwischen: Jahre, in denen ich die Idee durchdacht, verändert, verworfen habe, um die neue Idee gleich wieder zu durchdenken, zu verändern und zu verwerfen“, erzählt sie.

Sie ist eine klassische „Patchworkerin“, eine Frau mit vielen Brüchen im Berufsleben. Was für einen Job als Angestellte oft ein fast unüberwindbares Hindernis ist, kann für Selbstständige von großem Vorteil sein. Auf ihre Diplom-Urkunde verließ sie sich nie und machte bald nach dem Studium eine Fortbildung zur Fachjournalistin.

„Schon in der Wunschphase setzte ich mich intensiv mit dem Gedanken auseinander, zukünftige Unternehmerin zu sein. Ich sprach mit Freundinnen und Freunden, beschaffte mir Informationen auf Unternehmerinnentagen und -messen, recherchierte und befragte andere Selbstständige, die den Sprung ins kalte Wasser schon gewagt hatten. Manchmal rief der Gedanke an eine selbstständige Tätigkeit auch ein Wechselbad der Gefühle hervor.“

Aber auch der Gefühlshaushalt einer Hausfrau und Mutter ist nicht immer ausgewogen. Oft fühlte sich Dietlind unterfordert. Sobald sie eine geeignete Betreuung für die damals vier und sechs Jahre alten Kinder gefunden hatte, startete sie durch.

„Sechs Jahre Kindererziehung taugen zwar dafür, wichtige Kompetenzen wie Beharrlichkeit und Organisationstalent zu trainieren, hinterlassen ansonsten aber große berufliche Wissenslücken“, gibt sie zu. Wichtig war es für sie, den Anschluss an die neuen Technologien zu finden. Und weil sie begeistert war vom neuen Medium Internet, entschloss sie sich mit 42 Jahren zu einer Weiterbildung zur Multimedia-Fachkraft.

Die Unternehmensidee nahm bald Konturen an: Das Unternehmen sollte auf drei Beinen stehen – Text, Internet, Seminare. Mit „wortundweb“ hat sie sich auf Websites für kleine Unternehmen spezialisiert. Daneben berät sie Unternehmen zum Thema schriftliche Kommunikation und schult als Texttrainerin alle diejenigen, die Texte verfassen und redigieren.

„Selbstständigkeit und Kindererziehung sind ein täglicher organisatorischer Kraftakt. Oft bin ich unzufrieden, wie langsam ich mit meiner Arbeit vorankomme. Aber auch Kinder können nicht wider die Natur. Sie wachsen und damit wächst die Zahl der freien Stunden. Und wenn es mir wieder unter den Nägeln brennt und ich voller Ungeduld meine wöchentlichen Arbeitsstunden zähle, denke ich an meine Vision von einem Unternehmen, das wächst wie meine Kinder – langsam, aber beständig."

Familienzeit als Chance für den Neubeginn

Bettina Wichmann
Beratung – Training – Coaching (www.bettinawichmann.de)

Bettina Wichmann ist Diplom-Psychologin und Mutter eines eineinhalbjährigen Sohnes. Vor der Familienzeit unterstützte sie erfolgreich mehrere Firmen in der Personalentwicklung. Vor drei Jahren begann sie, sich auf die Tätigkeit als Beraterin und Trainerin zu konzentrieren. „Hauptanliegen in meiner Arbeit war immer, dass Menschen dort arbeiten, wo sie sich wohl fühlen und wo sie hinpassen. Das bedeutete unter anderem, Arbeitsbedingungen so zu schaffen und Menschen so zu beraten und zu trainieren, dass ein gutes und erfolgreiches Arbeiten möglich ist. In der Arbeit als Trainerin und Beraterin konnte ich dieses Anliegen besser umsetzen als in den unternehmensinternen Positionen im Personalbereich davor", erzählt sie.

Dass ein befristeter Arbeitsvertrag nicht verlängert wurde, traf sie unverhofft. Kurz darauf wurde sie schwanger. Vor der Familienzeit hatte sich Bettina Wichmann stark über den Karriereweg und den Berufserfolg definiert. Als das wegbrach, hatte sie mehrere persönliche Sinnkrisen.

„Als das Kind da war, war erst mal nur Baby angesagt. Für ungefähr vier Monate vermisste ich die Arbeit überhaupt nicht. Aber dann begann es langsam zu kribbeln." Sie erkannte, dass sie nicht zur „Vollzeitmutter" geboren ist, und bewarb sich auf Vollzeitstellen, obwohl sie nicht sicher war, tatsächlich so viel arbeiten zu wollen. Als angestellte Beraterin für Personalfragen hätte Sie eine 80-Stunden-Woche erwartet, hohe Abhängigkeit vom Kunden, hohe Flexibilität und viel Reisen inklusive. Mit Kind ist so ein Job schlecht machbar. Die Absagen berührten sie kaum.

„Toll wäre eine qualifizierte Teilzeitstelle gewesen – aber entsprechende Jobs gab es nicht. Und dann habe ich mich entschieden, Teilzeit-Selbstständige zu werden. Ich sah plötzlich die einzige Chance darin, mir ein eigenes Programm und eigene Kunden aufzubauen, um die zeitliche und räumliche Auslastung steuern zu können."

Seitdem ist die Psychologin Entscheidungshelferin für Privatpersonen in der beruflichen Neuorientierung. Sie berät ihre Klienten, ob ein Job- oder Branchenwechsel sinnvoll ist oder ob die angestrebte Selbstständigkeit erfolgversprechend ist.

„Mit meiner Einzelberatung biete ich an, diesen oft langen Prozess deutlich zu verkürzen. So weiß der Kunde nach spätestens sechs Sitzungen, worauf es ihm in seinem Beruf wirklich ankommt, wie er seine Lebenswünsche angemessen berücksichtigen kann und wie Anforderungen von außen realistisch umsetzbar sind. Damit löst sich der ‚Entscheidungsknoten' im Kopf und eine zweifelsfreie Entscheidung wird möglich. Der Nutzen ist eine unheimliche Erleichterung und Zuversicht für den weiteren Weg."

Parallel dazu bietet sie Unternehmen Beratung, Training und Coaching rund um die Themen „Gesprächsführung für Führungskräfte", „Führung und Motivation in wechselhaften Zeiten" und „Outplacement" an.

Die Familienzeit betrachtet sie nicht als Karriereknick. Erst der Abstand vom bisherigen karriereorientierten Berufsweg öffnete ihr die Augen für viele neue Themen und Einsichten. Die Psychologin grinst: „Ich bin meinem Ziel, alt und weise zu werden, vielleicht ein kleines bisschen näher gekommen."

Zuversichtlich blickt sie in die Zukunft: „Ich denke, dass ich in fünf bis zehn Jahren als Entscheidungshelferin in Berufsfragen etabliert bin, eine entsprechend ausreichende Zahl an Klienten habe und zu diesem Thema auch als Expertin und Trainerin gefragt bin. Außerdem werde ich ein Buch zum Thema „berufliche Entscheidungen" geschrieben haben. Meine Vision ist, dass alle Menschen an der Stelle und mit den Arbeitsbedingungen arbeiten, die zu ihnen passen, und sie damit eine hohe Jobzufriedenheit haben. Und für die Unternehmen gesprochen: Die Unternehmen haben durch zufriedene und damit engagierte und motivierte Mitarbeiter höheren Erfolg."

6.7 Die Familie im Rücken oder die Familie im Nacken?

„Besonders in der Anfangszeit war es schwierig, alles unter einen Hut zu bringen. Tagsüber wollen die Kinder unterstützt werden: Hausaufgaben, zum Sport oder Musikkurs fahren, spazieren gehen, spielen, trösten, erziehen, soziale Kontakte pflegen. Und dann muss ja noch der Haushalt versorgt werden – also einkaufen, kochen, putzen ... Oft blieb nur die Nacht zum Arbeiten." Isabelles Erfahrungen decken sich mit denen anderer selbstständiger Mütter. Selten können sie sich voll und ganz auf die Unternehmensgründung konzentrieren, weil sie so ganz nebenbei auch noch eine Familie zu versorgen haben.

Ganz entscheidend für den Erfolg Ihres Unternehmens ist deshalb, wie Ihre Familie zu Ihren Gründungsplänen steht. Gerade in der Anfangsphase ist es wichtig –

noch entscheidender als bei dem Wiedereinstieg ins Angestelltenverhältnis –, dass der Partner Ihre Entscheidung mitträgt. Wenn Sie nicht mit Verständnis rechnen können, weil Sie beispielsweise ein Wochenende durcharbeiten oder am Abend einen Termin wahrnehmen müssen, könnte das massive Konflikte hervorrufen. Und unter so einem Druck fällt es dann schwer, konzentriert und motiviert mit der Arbeit weiterzumachen.

Klären Sie deshalb vor der Gründung Ihres Unternehmens unbedingt, ob Ihre Familie Ihr Vorhaben hundertprozentig unterstützt. Geben Sie zu bedenken, dass Sie im Moment nicht wissen, wie sich das Unternehmen entwickeln wird und wie viel Zeit Sie veranschlagen müssen. Bereiten Sie die Familie aber ganz klar darauf vor, dass sich einiges ändern muss.

Außerdem muss vorab festgelegt werden, wie der Haushalt in Zukunft organisiert werden sollte, auf was verzichtet werden und wer welche Aufgaben übernehmen kann.

Unerlässlich für eine stressfreie Gründung ist auch, dass die Betreuung kleiner Kinder zuverlässig organisiert ist. Vergessen Sie bitte nicht, für potenzielle Betreuungslücken, etwa bei Krankheit von Kindern, vorzusorgen.

„Ja, natürlich habe ich die Familie im Nacken“, erzählt Anja. „Ich empfinde das auch als normal, da die viel beschworene Arbeitsteilung nur bedingt funktioniert. Wie in einem Unternehmen braucht auch eine Familie einen Manager, der die Fäden in der Hand hält und die Projekte an die anderen weitergibt. Gott sei Dank aber unterstützen meine beiden Männer meine Berufstätigkeit.“

Ihr Unternehmen kann nur erfolgreich sein, wenn Mann und Kinder hinter Ihnen stehen. So mancher Ehemann unterstützt im Vorfeld begeistert das Vorhaben seiner Frau. Wenn der Kühlschrank allerdings häufiger leer bleibt und es bei seiner Heimkehr aus dem Büro nicht appetitlich aus der Küche duftet, ändern viele Männer ihre Einstellung zur Selbstverwirklichung ihrer Frau. Sie fühlen sich vernachlässigt, geben dabei aber den Beschützer und wohlsorgenden Ehemann: „Meinst du nicht, dass du dir zu viel zumutest … ?“

Einfach wird es Gründerinnen nicht gemacht, so viel ist klar. „Frauenmessen zum Beispiel finden ausgerechnet an Wochenenden statt, wo ist da die Frauenfreundlichkeit?“, klagt Barbara Eder (www.eder-beratung.de), die als Gründungscoach Frauen in die Selbstständigkeit begleitet. Wenn Frauen die Kinderbetreuung erst einmal im Griff haben, haben sie unter der Woche tagsüber Zeit für Businesstermine. Dehnen sich die Termine dann noch aufs Wochenende aus, sind der Unmut der Familie und ein schlechtes Gewissen beinahe vorprogrammiert.

Strategie: Je kleiner die Kinder, desto schwieriger ist die Unternehmensgründung. Mütter haben oft ein schlechtes Gewissen, wenn Sie abends zu Businessterminen hetzen statt mit ihren Sprösslingen, dic tagsüber außer Haus betreut werden, Legohäuser zu bauen oder Barbiepuppen anzukleiden. Führen Sie sich vor Augen, dass ein Vater sicher kein schlechtes Gewissen hätte.

Finden Sie Kompromisse, mit denen alle Beteiligten leben können. Wenn Ihr Partner nicht einspringen kann, suchen Sie sich zum Beispiel einen liebevollen Babysitter, der einmal pro Woche abends auf die Kinder aufpasst. An den anderen Tagen sind Sie dann verstärkt für die Kinder da.

Wichtig: Bleiben Sie im Gespräch mit Ihrer Familie. Sprechen Sie über Sorgen und Befürchtungen der Familie, aber auch über Ihre eigenen Bedürfnisse.

Ein Haushaltsplan (wie im Kapitel 2 beschrieben) hilft zu registrieren, wie viel Zeit die Hausarbeit frisst. Der Aufwand für Einkaufen, Putzen, Kochen und Waschen wird leicht unterschätzt. Deshalb müssen Sie lernen Aufgaben zu delegieren oder sich von außen durch eine Haushaltshilfe unterstützen zu lassen.

Arbeiten im Home-Office – Ein Raum für mich allein

Der beliebteste Arbeitsplatz gründender Mütter ist das Home-Office. Oft ist dies ein separates Zimmer oder gar nur eine Ecke in den eigenen vier Wänden. Das hat unschätzbare Vorteile, aber auch gewisse Nachteile:

Virginia Woolf schrieb 1929 den Essay „Ein Zimmer für sich allein“. Darin forderte sie geistige Unabhängigkeit, symbolisiert durch ein eigenes Zimmer, für künstlerisch tätige Frauen. Wenn wir Woolfs Gedanken auf unternehmerisch tätige Frauen heutzutage übertragen, so hat sich wenig geändert.

Wir legen Wert darauf, dass jedes Kind ein eigenes Zimmer hat. Dem Mann wird der Hobbyraum zugestanden. Der Mutter bleibt die Küche. Und wo ist der Raum für die Unternehmerin, die ganz nebenbei auch Mutter ist? Für den Anfang tut es zur Not auch die Ecke im Schlafzimmer. Aber sobald die Firma angelaufen ist, sollten Sie sich einen eigenen Raum erkämpfen. Denn – Hand aufs Herz – würden Sie Ihrem Mann zumuten, eine Schlafzimmer-Firma zu leiten? Der erste Firmensitz muss nicht das schicke Büro in bester Stadtlage sein – das kommt später, wenn das Geschäft gut läuft. Aber ohne ein eigenes Zimmer mit abschließbarer Tür, ohne eigenen Schreibtisch und ein bisschen Stauraum für Unterlagen und natürlich Computer, Drucker und Telefon geht es auf Dauer einfach nicht. Wenn Frauen hier Zugeständnisse machen aus lauter Bescheidenheit – wie viel Zutrauen haben sie dann in den Erfolg ihres Unternehmens?

Ein Büro ist weder Krabbelstube noch Schülerladen

Hatten Sie damit geliebäugelt, die Kinderbetreuung zu sparen, wenn Sie im Home-Office arbeiten? Garantiert brüllt Töchterchen wie am Spieß, wenn der erste Kunde anruft. Oder Sohnemann möchte Ihre Gesprächspartner auch an den Abenteuern von Benjamin Blümchen teilhaben lassen. Natürlich können Sie das ein oder andere erledigen, wenn die lieben Kleinen endlich mal schlafen – aber langfristig geht es nicht ohne Betreuung.

Größere Kinder können sich prima selbst beschäftigen. Aber Kleinkinder (und oft auch Ehemänner) können kaum akzeptieren, dass Sie zu Hause sind, aber keine Zeit für sie haben. Schließen Sie die Tür während Ihrer Bürozeiten, anschließend haben Sie Sprechstunde für die Familie. Dann ist die Zeit, um Hausaufgaben zu kontrollieren, Lateinvokabeln abzuhören, sich alles über den Zoff mit der besten Freundin erzählen zu lassen oder Jungs zum Fußballtraining zu fahren. Und werden Sie nicht weich, wenn die Tochter säuselt: „Oh, Mami, ich muss unbedingt mal bei dir ins Internet …“ Darf sie natürlich, aber erst, wenn Sie Feierabend haben!

Die Einsamkeit der Home-Workerin

Auf die Frage, was ihnen im Job vor der Familienzeit am wenigsten gefallen hat, antworteten die meisten Frauen in meiner Befragung: die ungünstigen Arbeitszeiten, die Fremdbestimmtheit. Das haben Sie als Selbstständige hinter sich gelassen. Herzlichen Glückwunsch!

Auf die Frage, was ihnen am meisten im Job gefallen hat, sagten die meisten der befragten Frauen: der Kontakt mit den Kollegen. Und jetzt sitzen Sie einsam hinter Ihrem Schreibtisch. Okay, Sie kommunizieren per E-Mail oder Telefon. Aber wie viele Menschen sehen Sie außer Ihrer Familie am Tag? Es gibt keine regelmäßigen Meetings mehr, keinen Plausch beim Mittagessen. Statt in Pausen gemeinsam ein Schwätzchen zu halten, werden Sie im schlechtesten Fall die Wäsche aufhängen und den Abwasch erledigen.

Nie wieder Feierabend!

Früher haben Sie Ihre Akten zur Seite gelegt und die weitere Bearbeitung auf den nächsten Tag verschoben. Aus den Augen, aus dem Sinn. Feierabend ist Feierabend. Home-Workerinnen haben ihre Arbeit immer in Reichweite. Wer auch am Abend noch die Baustellen auf dem Schreibtisch im Blick hat, kann schlecht abschalten.

Es gibt wichtige Gründe für das Home-Office, aber auch entscheidende Gründe dagegen. Wägen Sie ab:

Pro Home-Office

- Sie sparen das Geld für die Anmietung eines externen Büros.
- Es geht keine Zeit durch Anfahrtswege zum Arbeitsplatz verloren.
- Sie sind zu Hause, wenn die Kinder aus der Schule kommen, können sich die Arbeit flexibel einteilen.
- Was tagsüber liegen bleibt, kann abends in Angriff genommen werden.
- Hausarbeit kann in den Pausen geleistet werden – was nicht immer ein Vorteil ist!

Contra Home-Office

- Die Trennung von Arbeit und Freizeit ist schwer. Abschalten will gelernt sein, denn Unternehmerinnen haben eigentlich immer etwas zu tun.
- Heimarbeiterinnen werden von ihrer Umwelt oft nicht ernst genommen. Das Büro außerhalb der Wohnung steht für größere Professionalität.
- Ablenkung durch Hausarbeit: Für Home-Workerinnen sind die sich in der Wohnung türmenden Wäscheberge kaum zu übersehen. Entsprechend groß ist die Gefahr, sich von solchen Pflichten ablenken zu lassen. Besonders dann, wenn Mahnungen geschrieben oder Akquisetelefonate getätigt werden müssen.
- Die Familie erwartet, dass Hausarbeit ganz nebenbei erledigt wird: „Du bist doch sowieso zu Hause …“
- Ablenkung durch Nachbarinnen und Freundinnen, die nicht akzeptieren können, dass Sie nun keine Zeit mehr für einen kleinen Plausch zwischendurch haben.
- Sie sind isoliert.
- Es wirkt wenig professionell, wenn Sie Kunden zwischen Bobby-Cars und schmutzigem Geschirr empfangen.

Dietlind bringt Vor- und Nachteile des Home-Office auf den Punkt: „Zur Not kann ich in den Abendstunden oder am Wochenende nachholen, was ich der Kinder wegen am Morgen nicht geschafft habe. Das empfinde ich als großes Plus. Die Möglichkeit, im eigenen Arbeitszimmer immer und zu jeder Zeit arbeiten zu können, kann aus dem Plus jedoch schnell ein Minus machen. Denn Disziplin ist in jedem Falle wichtig. Den vielfältigen Ablenkungen im Haus zu trotzen und trotzdem den Weg an den Schreibtisch zu finden ist manchmal schwer. Mindestens genauso schwer ist es, eine Arbeit halbfertig liegen zu lassen und die Tür des häuslichen Arbeitszimmers hinter sich zu schließen.“

Wie selbstständige Mütter mit zu viel oder zu wenig Ablenkung und Zerstreuung umgehen, ist eine Typfrage: Manche Frauen weichen nur allzu gerne auf Putzen und Aufräumen aus, andere empfinden das Einräumen von Maschinen als Entspannung in schöpferischen Pausen.

Strategie: Disziplinieren Sie sich, indem Sie feste Arbeitszeiten festlegen. In den Pausen können Sie tun und lassen, was Sie wollen. Sie können die Wäsche abarbeiten, damit Sie es nicht abends tun müssen, Sie können aber auch ins Eiscafé gehen oder Zeitung lesen. Wichtig: Gönnen Sie sich ganz gezielt Pausen.

Gehören Sie zu den Menschen, die sich früher in der Festanstellung durch korrekte Bürokleidung motiviert haben? Dann verleihen Sie Ihrer Arbeit im Home-Office Gewicht, indem Sie Hosenanzug oder Kostüm tragen. Der Effekt ist manchmal erstaunlich: Im Jogginganzug geschriebene Angebote, die schlampig und schlabberig klangen, gewinnen im Businessoutfit geschrieben deutlich an Kontur.

Suchen Sie Ersatz für das Kollegenteam, bevor Ihnen die Decke auf den Kopf fällt: Treffen Sie sich zum Beispiel mit Netzwerk-Kolleginnen zum Business-Lunch! Besuchen Sie Vorträge, gönnen Sie sich regelmäßige Fortbildungen – und profitieren Sie doppelt durch fachliche und soziale Impulse. Wenn das Geschäft gut angelaufen ist, könnte vielleicht ein Gemeinschaftsbüro mit anderen Selbstständigen eine Alternative sein.

6.8 Ran an die Kunden!

„Ich kann mich nicht selbst verkaufen, Selbstanbiederung ist mir ein Gräuel!" Wie oft habe ich das schon gehört. Vom fatalen weiblichen Hang zur Bescheidenheit war schon in Kapitel 4 die Rede. Für Existenzgründerinnen gilt in besonderem Maße: Erfolgreich ist, wer es versteht, sich zu verkaufen! Viele Gründerinnen haben Bauchschmerzen beim Gedanken ans Marketing. Die schönste Idee ist aber nichts wert, wenn man sie nicht verkaufen kann. Es nützt nichts, darauf zu warten, dass die Kunden unser tolles Produkt und die clevere Dienstleistung irgendwann bemerken. Deshalb gilt es, auf potenzielle Kunden zuzugehen und sie davon zu überzeugen, dass wir ihre Probleme lösen können.

Doch zuvor müssen wir unserem Geschäft ein Gesicht geben. Jedes Kind weiß, wenn es auf einer Plakatwand eine lila Kuh entdeckt, dass es um Schokolade geht. Es gibt Werbeslogans, die 90 Prozent aller Bundesbürger vom Kindergartenkind bis zum Rentner kennen. Auch wenn Sie sich zu Beginn Ihrer Selbstständigkeit keine Hochglanzagentur leisten können – einen professionellen Auftritt braucht jede Firma!

Lassen Sie Logo und Geschäftspapiere vom Grafiker gestalten, das wirkt professioneller als die selbst gebastelte Visitenkarte und zahlt sich aus. Auch überzeugende oder verkaufstarke Texte fließen nicht jedem aus der Feder. Für Mailings, die beim Kunden ankommen, oder Pressemitteilungen, die Journalisten aufhorchen lassen, beauftragen Sie besser einen professionellen Texter. Es zahlt sich aus, denn das investierte Geld holen Sie durch besseren Umsatz wieder rein. Ob Sie unbedingt einen Flyer oder einen Firmenprospekt brauchen, hängt vom Geschäftsfeld ab. Eine eigene Website dagegen ist in jedem Fall zu empfehlen. Kunden gehen heute ganz selbstverständlich davon aus, dass sogar die kleine Änderungsschneiderei um die Ecke einen eigenen Internetauftritt hat.

Es gibt also viel zu tun, bevor es so richtig losgehen kann. Besuchen Sie unbedingt ein Marketing-Seminar. Dort erfahren Sie, dass Marketing ganz gewiss nicht mit Werbung gleichzusetzen ist, sondern viele Facetten hat. Über den rechten Marketing-Mix, über Werbung und PR fürs Geschäft gibt es Kurse und gute Bücher. Um dieses Thema kommen Sie nicht herum.

Auch ein Präsentationsseminar sollten Sie sich gönnen. Schulen Sie sich in Selbst-PR. Zunächst ist die geschützte Nische der Frauenkurse möglicherweise das Richtige für Sie. Wenn Sie dort gelernt haben, dass andere auch nur mit Wasser kochen, wagen Sie sich in einen gemischten Kurs, denn Ihre Geschäftspartner sind in der Regel auch Männer.

Und wenn das Selbstbewusstsein mal wieder ganz am Boden ist, dann kuscheln Sie sich doch mal wieder auf die Couch mit einem guten Glas Wein und einem Motivationsbuch und lassen Sie sich eine Spritze fürs Ego verpassen.

Tipps zu Marketing, PR, Verkauf:

Alois Gmeiner
Das Low-Budget-Werbe-1 × 1 für Selbstständige und Kleinunternehmer
Redline Wirtschaft 2005

Sehr praxisorientierte Tipps für kleine Unternehmen.

Claudia Cornelsen / Stephanie Schwinn
Das Einmaleins der PR. Öffentlichkeitsarbeit leicht gemacht
Haufe Verlag 2002

Schnelleinstieg in das Thema. Hier stehen die Antworten auf Fragen wie: Wie ticken Presseleute? Wie schreibe ich eine Pressemitteilung?

Netzwerken für Unternehmerinnen

Ums Netzwerken im privaten Bereich und bei der Jobsuche ging es bereits im vierten Kapitel. Wer als Unternehmerin darauf wartet, dass die eigenen Qualitäten von den Kunden erkannt und gewürdigt werden, ist auf dem Holzweg – und wartet vergeblich. Natürlich schaut niemand gerne zu, wie andere, meist unerfahrene und jüngere Konkurrenten, an einem vorbeiziehen. Aber Aufträge werden nun mal nicht für Talent oder Fleiß vergeben, sondern an Menschen, die von sich reden machen und die richtigen „Unterstützer" kennen. Ihre Erfolgschancen sind dann gut, wenn Sie jemanden kennen, der wiederum jemanden kennt, der Aufträge zu vergeben hat. Deshalb Schluss mit der Bescheidenheit. Geschickte Selbst-PR und Networking sind die Grundvoraussetzung Ihres Geschäftserfolgs.

Für Unternehmerinnen ist Netzwerken oft überlebenswichtig. Wenn Sie sich nach einer Weile fragen, ob Sie im richtigen „Club" sind, weil die Treffen für Sie reine Pflichtveranstaltungen sind, ist es Zeit für einen Wechsel. Es ist normal, Netzwerken nach einer Weile zu entwachsen. Wenn Sie zum Beispiel Mitglied in einem Gründerinnen-Netzwerk waren, werden Sie sich möglicherweise langweilen, wenn Sie mit Ihrer Geschäftsidee schon Fuß gefasst haben und gute Umsätze machen. Dann ist der Zeitpunkt gekommen, um in ein Unternehmerinnen-Netzwerk zu wechseln.

Überregionale Netzwerke
für Unternehmerinnen und Existenzgründerinnen:

Connecta – Das Frauennetzwerk e. V.
Geibelstraße 4, 34117 Kassel
Tel.: 05 61 / 154 60 sowie 02 28 / 23 69 32 und 916 81 02
E-Mail: connecta.das.frauennetzwerk@t-online.de
Internet: www.frauennetzwerk-connecta.de

Zielgruppe: Existenzgründerinnen, Unternehmerinnen, Managerinnen, Führungskräfte, Interessierte

Veranstaltungen: jährliche Mitfrauenversammlung, Vorträge zu Beruf und Karriere, monatliche regionale Stammtische, vierteljährliche Zeitschrift „Connections"

Weiterbildung: Seminare, Vorträge über Berufsalltag der Vereinsfrauen

Femity
Trills 23, 40699 Erkrath
Tel.: 0 21 04 / 138 49 - 30, Fax: 0 21 04 / 138 49 - 34
www.femity.net

Networkingplattform für deutschsprachige Frauen aller Berufsgruppen

Verband berufstätiger Mütter e. V.
Postfach 29 04 26, 50525 Köln
Tel.: 02 21 / 32 65 79, Fax: 0 12 12 / 56 78 - 038 41
E-Mail: info@berufstaetige-muetter.de
Internet: www.berufstaetige-muetter.de

Zielgruppe: berufstätige Mütter

Angebote: Engagement für Rahmenbedingungen zur Vereinbarkeit von Mutterschaft und Beruf; Beratung zu Themen wie Organisation der Kinderbetreuung, Arbeitszeitmodelle, Aufbau einer eigenständigen Alterssicherung etc.; Seminare zur beruflichen Weiterentwicklung

Frauennetzwerk Business Ladies Point
Barbaraweg 11, 64347 Griesheim
Tel.: 0 61 55 / 83 07 77, Fax: 0 61 55 / 83 07 78
E-Mail: info@business-ladies
Internet: www.business-ladies-point.de

Zielgruppe: Business Ladies Point ist ein branchenübergreifendes Netzwerk von Unternehmerinnen, Existenzgründerinnen und Frauen in Führungspositionen

Angebote: Fachvorträge, Projekte und Workshops

B.F.B.M. – Verband der Frau im freien Beruf und Management e. V.
Monheimsallee 21, 52062 Aachen
Tel.: 02 41 / 40 18 - 458, Fax: -463
E-Mail: verband@bfbm.de
Internet: www.bfbm.de

Zielgruppe: Unternehmerinnen, Managerinnen, Führungskräfte, Interessierte

Angebote: monatliche Fort- und Weiterbildung, regelmäßige Treffen der Regionalgruppen

Business and Professional Women – Germany bpw
Tempelhofer Damm 2, 12101 Berlin
Tel.: 02 61 / 80 52 25, Fax: 02 61 / 80 52 29
E-Mail: info@bpw-germany.de
Internet: www.bpw-germany.de

Zielgruppe: Frauen aus verschiedenen Berufen, Positionen und Branchen

Angebote: Fachvorträge, Expertinnenrunden, Diskussionen, Herausgabe des „BPW Journal“

Weitere Netzwerke, auch branchenspezifische, finden Sie im Anhang ab Seite 206.

7. Service. Adressen, Buch- und Linktipps

Literaturtipps

Familienpolitik

Susanne Mayer
Deuschland armes Kinderland
Wie die Ego-Gesellschaft unsere Zukunft verspielt
Eichborn Verlag 2002

Sind Kinder heutzutage nur noch eine private Marotte, ein teures Hobby? Leidenschaftliches Plädoyer der *Zeit*-Autorin und zweifachen Mutter für eine neue Familienkultur.

Renate Schmidt
S.O.S. Familie. Ohne Kinder sehnen wir alt aus
Rowohlt Verlag 2002

Familienpolitisch gehört Deutschland zu den Schlusslichtern in der Europäischen Union. Ein engagiertes Buch der Familienministerin, die auszog, alles besser zu machen.

Selbstverwirklichung im Beruf

Anja Kolberg
Ab 40 reif für den Traumjob
Kösel Verlag 2001

Ein Plädoyer für die reife Frau, die Erfahrung, Souveränität und Stabilität bieten kann, ohne Flexibilität vermissen zu lassen. Das Buch macht auch Frauen im mittleren Lebensalter Mut, Visionen zuzulassen und Träume zu verwirklichen.

Präsentation

Reiner Neumann / Alexander Ross
Souverän vor Publikum
Brillant reden, überzeugend auftreten, gekonnt präsentieren
Redline Wirtschaft 2003

Sie beginnen zu schwitzen, wenn Sie vor Publikum sprechen müssen, beginnen zu stottern und klammern sich an Ihr Konzept? Dieses Buch gibt wertvolle Tipps für gelungene Auftritte in der Öffentlichkeit.

Cornelia Topf
Körpersprache für freche Frauen
Sicher und selbstbewusst auftreten im Beruf
Redline Wirtschaft 2004

Frauen besitzen in vielen Branchen die höhere Fachbildung, verschenken aber Aufstiegschancen, weil sie sich nicht geschickt genug präsentieren. Tipps für ein souveränes Auftreten und mehr Selbstsicherheit im Job.

Familien- und Haushaltsmanagement

Julia Rogge
Den Alltag in den Griff bekommen. Familien-Management
dtv 2000

Sinnvolle Tipps für die Organisation des stressigen Familienalltags.

Marit Borcherding / Sabine Rock
Gut aufgehoben. So finden Sei die passende Betreuung für Ihr Kind
Eichborn Verlag 2003

Konstruktive und ermunternde Ratschläge und Hilfestellungen bei der Suche nach einer Betreuung für Kinder im Alter von 0 bis 6 Jahren. Ergänzt durch eine Website: www.gut-aufgehoben.info.

Selbstständigkeit

Barbara Sichtermann / Marie Sichtermann / Brigitte Siegel
Den Laden schmeißen
Ein Handbuch für Frauen, die sich selbstständig machen wollen
Fischer Taschenbuchverlag 2001

Am praktischen Beispiel von Modellprojekten wird gezeigt, was bei einer Existenzgründung zu beachten ist. Auch diejenigen, die sich schon selbstständig gemacht haben, werden sachkundig begleitet, wenn sie ihren Laden richtig zum Laufen bringen wollen.

Marketing und PR

Siegfried Vögele
Die Dialogmethode
Das Verkaufsgespräch per Brief und Antwortkarte
Redline Wirtschaft 2002

Einführung in das Dialogmarketing.

Networking

Christine Öttl / Gitte Härter
Networking. Kontakte gekonnt knüpfen, pflegen und nutzen
Hoffmann und Campe 2004

Tipps für das geschickte und erfolgreiche Networking und Infos über unterschiedliche Arten von Netzwerken.

Karin Ruck
Professionelles Networking
Kontakte knüpfen, Beziehungen pflegen, Verbindungen nutzen
Redline Wirtschaft 2004

In diesem Taschenguide erfahren Sie knapp, aber präzise, wie berufliche Kontakte geknüpft, sinnvoll eingesetzt und gepflegt werden.

Zeitmanagement und Work-Life-Balance

Regina Hilsberg
Mehr Zeit für die Familie – Wie Sie den Alltag richtig organisieren
Rowohlt Taschenbuch Verlag 1999

Praktische Planungshilfe für den Haushalt mit Kindern, erschienen in der Reihe „Leben mit Kindern".

Sabine Asgodom
12 Schlüssel zur Gelassenheit
Kösel Verlag 2004

Tipps gegen den Stress und für mehr Gelassenheit im Alltag.

Sabine Asgodom
Balancing – das ideale Gleichgewicht zwischen Beruf und Privatleben
Econ Verlag 2002

Schon ein Klassiker zum Thema Work-Life-Balance.

Zum Schmökern

Allison Pearson
Working Mum
Wunderlich Verlag 2002

Ein temporeicher Roman über die wahren Heldinnen des Alltags – berufstätige Mütter.

Zeitschriften zu Job-Themen

Freundin job@business (Sonderheft der *Freundin*)

Jobthemen für Frauen (erscheint zweimal im Jahr).

Starting-up. Magazin für Existenzgründer und junge Unternehmen.

www.starting-up-magazin.de

Broschüren

Bundesministerium für Senioren, Familie, Frauen und Jugend
Tel.: 01 80/532 93 29
E-Mail: broschuerenstelle@bmfsfj.de

Dort gibt es viele kostenlose Broschüren, zum Beispiel zu den Themen

- **Die neue Elternzeit**
- **Erziehungsgeld, Elternzeit**
- **Rückkehr in den Beruf**
- **Staatliche Hilfe für Familien**

Adressen und Linktipps

Unterstützung für Mütter und Familien

Verband allein erziehender Mütter und Väter Bundesverband e. V. (VAMV)
Beethovenallee 7, 53173 Bonn
Tel.: 02 28 / 35 29 95
Internet: www.vamv.de

Arbeiterwohlfahrt Bundesverband e. V.
Oppelner Straße 130, 53119 Bonn
Tel.: 02 28 / 66 85 - 0

Diakonisches Werk der Evangelischen Kirche in Deutschland e. V.
Hauptgeschäftsstelle
Stafflenbergerstraße 76, 70184 Stuttgart
Tel.: 07 11 / 21 59 - 0

Deutscher Caritasverband e. V.
Karlstraße 40, 79104 Freiburg i. Br.
Tel.: 07 61 / 200 - 0

Deutscher Paritätischer Wohlfahrtsverband Gesamtverband e. V.
Heinrich-Hoffmann-Straße 3, 60528 Frankfurt
Tel.: 069 / 670 60

Deutsches Rotes Kreuz e. V.
Friederich-Ebert-Allee 71, 53113 Bonn
Tel.: 02 28 / 541 - 0

Verein für Fraueninteressen
Tel.: 089 / 290 44 63
www.fraueninteressen.de

Staatliche Anlaufstellen zum Thema Frau und Beruf

Über die Gleichstellungsbeauftragte in Ihrer Stadt oder Gemeinde erhalten Sie in den folgenden Landesministerien Auskunft:

Sozialministerium Baden-Württemberg
Abteilung Frauen und Familie
Kernerplatz 3, 70182 Stuttgart
Tel.: 07 11 / 126 - 0

Bayerisches Staatsministerium für Arbeit und Sozialordnung, Familie, Frauen und Gesundheit
Winzererstraße 9, 80797 München
Tel.: 089 / 12 61 - 01

Senatsverwaltung für Arbeit und Frauen des Landes Berlin
Storkower Straße 134, 10407 Berlin
Tel.: 030 / 90 22 - 0

Ministerium für Arbeit, Soziales, Gesundheit und Frauen des Landes Brandenburg
Abteilung Frauen und Gleichstellung
Heinrich-Mann-Allee 103, 14473 Potsdam
Tel.: 03 31 / 866 - 0

Senator für Frauen, Jugend, Gesundheit, Soziales und Arbeit
Contrescarpe-Straße 73, 28195 Bremen
Tel.: 04 21 / 361 - 0

Senat der Freien und Hansestadt Hamburg
Senatsamt für Gleichstellung
Alter Steinweg 4, 20459 Hamburg
Tel.: 040 / 428 41 - 0

Hessisches Sozialministerium
Dostojewskistraße 4, 68187 Wiesbaden
Tel.: 06 11 / 817 - 0

Die Frauen- und Gleichstellungsbeauftragte des Landes Mecklenburg-Vorpommern
Schloßstraße 2–4, 19053 Schwerin
Tel.: 03 85 / 588 - 0

Niedersächsisches Ministerium für Frauen, Arbeit und Soziales
Heinrich-Wilhelm-Kopf-Platz 2, 30159 Hannover
Tel.: 05 11 / 120 - 42 96 oder - 42 97

Ministerium für Frauen, Jugend, Familie und Gesundheit
Fürstenwall 25, 40219 Düsseldorf
Tel.: 02 11 / 855 - 5

Ministerium für Kultur, Jugend, Familie und Frauen des Landes Rheinland-Pfalz
Mittlere Bleiche 61, 55116 Mainz
Tel.: 0 61 31 / 16 - 0

Ministerium für Frauen, Arbeit, Gesundheit und Soziales
Franz-Josef-Röder-Straße 23, 66119 Saarbrücken
Tel.: 06 81 / 501 - 00

Sächsische Staatskanzlei
Staatsministerium für Fragen der Gleichstellung von Frau und Mann
Archivstraße 1, 01097 Dresden
Tel.: 03 51 / 564 - 0

Ministerium für Arbeit, Frauen, Gesundheit und Soziales des Landes Sachsen-Anhalt
Seepark 5–7, 39116 Magdeburg
Tel.: 03 91 / 56 74 00 - 3

Ministerium für Frauen, Jugend, Wohnungs- und Städtebau des Landes Schleswig-Holstein
Theodor-Heuss-Ring 49, 24113 Kiel
Tel.: 04 31 / 98 80

Thüringer Staatskanzlei – Frauenbeauftragte der Thüringer Landesregierung
Regierungsstraße 73, 99084 Erfurt
Tel.: 03 61 / 37 92 - 500

Linktipps zum Thema Frau und Beruf

Arbeitsagentur
www.arbeitsagentur.de
Verbesserungswürdige Seite der Bundesagentur für Arbeit mit Informationen der Beauftragten für Chancengleichheit am Arbeitsmarkt, Informationen zu Berufen und Weiterbildung sowie dem Stelleninformationssystem

Bundesministerium für Familie, Senioren, Frauen und Jugend
www.bmfsfj.de
Sehr informative Seite des Bundesministeriums. Möglichkeit zum Bestellen beziehungsweise Download zahlreicher Broschüren.

Bundesministerium für Wirtschaft und Arbeit
www.bmwa.bund.de
Zahlreiche Artikel zu den Themen Beruf und Karriere und Existenzgründung

Gemeinschaftsinitiative Gesünder Arbeiten e. V.
www.gesuender-arbeiten.de
Die Initiative des Ministeriums für Wirtschaft und Arbeit des Landes NRW bietet auf ihrer Seite unter anderem Tipps zu Themen wie Mobbing oder PC-Arbeit.

Institut für Arbeitsmarkt- und Berufsforschung
www.iab.de
Publikationen und Themen rund um die Erwerbstätigkeit von Frauen

Altersvorsorge
www.infonetz-altersvorsorge.de

Women's Careers
www.womens-careers.info
Die Women's Careers Counselling Community ist eine Plattform für Frauen, die sich beruflich neu orientieren und positionieren möchten und hierbei Unterstützung suchen oder anbieten können.

Fast4ward – für Vereinbarkeit von Beruf und Familie
www.fast4ward.de
Konzepte zur Vereinbarkeit von Familie und Beruf mit Erfahrungsberichten, Foren und vielen Infos

Brigitte-online – Job und Karriere
www.brigitte.de/job/karriere
Artikel und Adressen für Berufsrückkehrerinnen und Frauen im Job

Eltern-online
www.eltern.de
Online-Auftritt der Zeitschriften *Eltern* und *Eltern for family* mit Themen rund um die Familie, aber auch zu Frau und Beruf

Familienhandbuch.de
www.familienhandbuch.de
Online-Familienhandbuch des Staatsinstituts für Frühpädagogik, München, mit vielen interessanten Artikeln rund ums Thema Erziehung, Kinderbetreuung, Familie und Job

Fortbildung

EDV

Fortbildungen am Computer nur für Frauen gibt es inzwischen in vielen deutschen Städten, zum Beispiel an Volkshochschulen.

www.frauen-computer-schulen.de
EDV-Kurse von Frauen für Frauen

Fernlehrgänge

www.fernschulen.de
Informative Seite des Fachverbandes für Fernlernen und Lernmedien e. V. mit vielen Kursangeboten

www.fernuni-hagen.de
Website der Fernuniversität Hagen

www.ils.de
Fernlerninstitut (Institut für Lernsysteme GmbH) mit einem riesigen Angebot an Fernlehrgängen von Abitur bis Wirtschaftsspanisch

E-Learning

www.teil4.de/info/
Demo-Lektion des Bundesministeriums für Bildung und Forschung zum Thema E-Learning

www.wissensplanet.de
Community zum Thema E-Learning

www.gendernet.de/2004/eLearning/
Fortbildung während der Elternzeit mit zum Teil kostenlosen E-Learning-Angeboten

Existenzgründung

Software-Paket für Gründer:
Bundesministerium für Wirtschaft und Arbeit
Postfach 30 02 65, 53182 Bonn
Bestell-Telefon: 0 18 88 / 615 - 41 71
Bestell-Fax: 02 28 / 42 23 - 462
www.bmwi-softwarepaket.de/kleingruendung

Formblitz
www.formblitz.de
Lauter nützliche Formulare für Kleinunternehmen zum kostenlosen Download

Marketing und PR für Gründer

Deutsche Post
www.deutsche-post.de/direktmarketing
Infos rund um das Thema Direktmarketing

Agenturcafe
www.agenturcafe.de
Portal der Agentur Kothes & Klewes mit umfangreichem Material zum Thema PR

PR Guide
www.pr-guide.de
Infoguide der Deutschen Gesellschaft für Public Relations rund um die Themen Öffentlichkeitsarbeit, PR und Kommunikationsmanagement

Pressetipp
www.pressetipp.de
Einführung ins Thema Pressearbeit

Vistaprint
www.vistaprint.de
Werbematerialien aus dem Internet

Flyeralarm
www.flyeralarm.de
Dienstleister für preiswerte Drucksachen

Anlaufstellen für Existenzgründer mit dem Schwerpunkt Frauenförderung nach Bundesländern

Baden-Württemberg:

Initiative für Existenzgründungen und Unternehmensnachfolge (ifex)
www.gruenderinnenportal.de
Informations-, Interaktions- und Kommunikationsplattform für Existenzgründerinnen

Frauenwirtschaft Tübingen e. V.
www.frauenwirtschaftswunder.de
Netzwerk für Unternehmerinnen und Existenzgründerinnen

Bayern:

EFFEKT!
www.effekt-online.de
Qualifizierungsprogramm für Gründerinnen mit Hochschulabschluss nach der Familienzeit

SCH.W.U.N.G. I
www.schwung-bad-kissingen.de/schwung
Beratungsstelle für Existenzgründerinnen

Büro für Existenzgründungen
www.bfe-muenchen.de
Seminare und Vorträge für Existenzgründer in München

Berlin:

Weiberwirtschaft
www.weiberwirtschaft.de
Europas größtes genossenschaftlich organisiertes Gründerinnenzentrum

Unternehmerinnen-Berlin
www.unternehmerinnen-berlin.de
Informations- und Präsentationsplattform für selbstständige Frauen und Existenzgründerinnen in Berlin

Bremen:

B.E.G.IN.
www.begin24.de
Gründungsleitstelle der Bremer Existenzgründungsinitiative

Hamburg:

Bildung und Beratung für Frauen in Hamburg
Tel.: 040 / 45 02 09 - 0
www.frau-und-arbeit.de

Hamburger Gründungsnetzwerk
www.hei-hamburg.de

EFA Informations- und Beratungsstelle Frau und Beruf e. V.
www.efa-beratung.de

Hessen:

Frauenbetriebe
www.frauenbetriebe.de
Qualifikation zur beruflichen Selbstständigkeit

Mecklenburg-Vorpommern:

Frauen in der Wirtschaft e. V.
www.frauenwirtschaft.de
Starthilfe für Gründerinnen

Niedersachsen:

Gründerinnen-Consult Hannover
Hohe Straße 11, 30449 Hannover
Tel.: 05 11 / 92 40 01 - 20, Fax: 05 11 / 92 40 01 - 21
E-Mail: gruenderinnen.consult©t-online.de
Internet: www. gruenderinnen-consult.de
Beratung, Qualifizierung und Vernetzung für Gründerinnen und Unternehmerinnen. Gründerinnen-Consult Hannover ist als Projekt landesweit tätig und zentrale Anlaufstelle für Frauen vor, während und nach der Unternehmensgründung.

EFA
www.oldenburg.de/efa
Existenzgründungs-Agentur für Frauen

Nordrhein-Westfalen:

Gründen im Team
www.g-i-t.de
Gründen im Team (GiT) ist ein vom Land Nordrhein-Westfalen und der EU gefördertes Projekt, das Menschen, die einen Neustart suchen, eine Chance aufzeigt, den Weg in die unternehmerische Selbstständigkeit zu finden.

Internetportal für Frauen in Nordrhein-Westfalen
www.frauennrw.de
Links und Infos

Regionalstellen Frau & Beruf
www.frau-und-beruf-nrw.de
Beratung rund um Wiedereinstieg und Existenzgründung

Unternehmerinnenbrief
www.unternehmerinnenbrief.de
Der Unternehmerinnenbrief Nordrhein-Westfalen ist eine Initiative des Ministeriums für Gesundheit, Soziales, Frauen und Familie Nordrhein-Westfalen für Gründerinnen und Unternehmerinnen.

Saarland:

UP e. V.
www.up-saar.de
Portal für Unternehmerinnen

Schleswig-Holstein:

Beratungsstelle für Existenzgründerinnen
www.ib-sh.de/IB/existenzgruenderinnen.html
Investitionsbank Schleswig-Holstein, Beratungsstelle für Existenzgründerinnen

Netzwerke

Branchenübergreifende Netzwerke

EWMD – European Women's Management Development
Anklamer Straße 38, 10115 Berlin
E-Mail: ewmd-germany@t-online.de
Internet: www.ewmd.org

Zielgruppe: Frauen in Fach- und Führungspositionen, Interessierte und Gäste

Angebote: monatliche Themenabende in den Regionen, Stammtische, Business Talks, nationale und internationale Konferenzen

Verband deutscher Unternehmerinnen e. V. – VdU
Breitestraße 29, 10178 Berlin
Tel.: 030 / 203 08 45 - 40 sowie -41, Fax: 030 / 203 08 45 - 45
E-Mail: info@vdu.de
Internet: www.vdu.de

Zielgruppe: Unternehmerinnen aus Produktion, Handwerk, Handel und Dienstleistung

Angebote: regionale Aktivitäten und Treffen sowie Fachveranstaltungen, Erfahrungsaustausch, Arbeitskreise und Seminare, Herausgabe der Zeitschrift „Die Unternehmerin"

Netzwerk für Einfrauunternehmerinnen in Deutschland
Im Lettenacker 1–2, 79588 Efringen-Kirchen
Tel.: 0 76 28 / 91 07 00, Fax: 0 76 28 / 90 17 10
E-Mail: info@nefu-d.de
Internet: www.nefu-d.de

Zielgruppe: Unternehmerinnen, Existenzgründerinnen, Freiberuflerinnen

Angebote: Themenspezifische Veranstaltungen, Beratungs- und Weiterbildungsangebote direkt durch die Unternehmerinnen, monatlicher Stammtisch, branchenübergreifende Kontakte, Durchführung von gemeinsamen Projekten

Schöne Aussichten – Verband selbständiger Frauen e. V.
Gereonshof 36, 50670 Köln
Tel.: 02 21 / 139 35 - 39, Fax: - 40
E-Mail: info@schoene-aussichten.de
Internet: www.schoene-aussichten.de

Zielgruppe: Existenzgründerinnen, Unternehmerinnen, Freiberuflerinnen

Angebote: regelmäßige Treffen zu verschiedenen Themen, Erfahrungsaustausch, Herausgabe der regionalen Branchenbücher „Frauen unternehmen“ in Köln/ Bonn, Hamburg, Berlin und dem Ruhrgebiet

Deutsches Gründerinnen Forum e. V.
Schlehenweg 6, 71686 Remseck
Tel.: 0 71 46 / 87 18 96, Fax: 0 71 46 / 87 18 97
E-Mail: birgit.buschmann@dgfev.de
Internet: www.dgfev.de

Zielgruppe: Unternehmerinnen, Existenzgründerinnen, Beraterinnen, Expertinnen

Angebote: Veranstaltungen, Expertinnenpool, Aufbau eines Kompetenzzentrums für Gründerinnen

Deutscher Frauenrat
Axel-Springer-Straße 54 a, 10117 Berlin
Tel.: 030 / 20 45 69 - 0, Fax: 030 / 20 45 69 - 44
E-Mail: kontakt@frauenrat.de
Internet: www.frauenrat.de
Bundesvereinigung von 57 Verbänden und Netzwerken

Unternehmerinnenforum
Franz-Arens-Straße 15, 45139 Essen
Tel.: 02 01 / 27 40 80
E-Mail: info@u-netz.de
Internet: www.u-netz.de
Virtuelles Unternehmerinnen-Forum: bietet Unternehmensporträts, Kooperationsbörse, Diskussionsforum etc.

Netzwerke für bestimmte Berufsgruppen

Piona Point – Teleworking Management e. V.
Netzwerk der Frauen-Computerschulen und Frauen-Technik-Zentren
Rheinsberger Straße 77, 10115 Berlin
Tel.: 030 / 440 22 50, Fax: 030 / 44 02 25 11
www.piona.de

Bücherfrauen
www.buecherfrauen.de

Zielgruppe: Verlagsfrauen, Buchhändlerinnen, Übersetzerinnen, Agentinnen und andere Frauen, die rund ums Buch tätig sind

Angebote: Regionalgruppen, Vorträge, Mentoringprogramm

Deutscher Juristinnenbund e. V.
Anklamer Straße 38, 10115 Berlin
Tel.: 030 / 44 32 70 - 0, Fax: 030 / 44 32 70 - 22
E-Mail: geschaeftsstelle@djb.de
Internet: www.djb.de

Zielgruppe: Juristinnen, Volks- und Betriebswirtinnen

Angebote: wissenschaftliche Veranstaltungen und Seminare, rechtliche Maßnahmen zur Frauenförderung, Reform der JuristInnenausbildung u. a.

webgrrls.de e. V.
Zeppelinstraße 73, 81669 München
E-Mail: mitgliedschaft@webgrrls.de
Internet: www.webgrrls.de

Zielgruppe: weibliche Fach- und Führungskräfte, die in oder für Neue Medien arbeiten. Ziel ist, die berufliche Weiterentwicklung sowie die Präsenz und den Einfluss dieser Frauen innerhalb der Branche zu fördern.

Angebote: Forum für Wissenstransfer, Erfahrungsaustausch, Job- und Auftragsvermittlung, strategische Allianzen, Mentoring sowie Förderung der Networking-Kultur

Lachesis e. V.
Forellensteig 4, 14542 Werder/Havel
Tel.: 0 33 27 / 66 84 80, Fax: 0 33 27 / 66 84 90

E-Mail: info@lachesis.de
Internet: www.lachesis.de

Zielgruppe: Heilpraktikerinnen

Angebote: Rechtsberatung, Existenzgründungsseminare, Rundbriefe, Verbandszeitung, Weiterbildungsangebote in den Regionalgruppen

designerinnen-forum
Stresemannstraße 375, 22761 Hamburg
Tel.: 040 / 90 11 68, Fax: 040 / 890 11 93
E-Mail: office@designerinnen-forum.org
Internet: www.designerinnen-forum.org

Zielgruppe: Designerinnen aller Fachrichtungen

Angebote: Netzwerk, Veranstaltungen, Treffen in den Regionalgruppen

Texttreff
www.texttreff.de

Zielgruppe: Netzwerk für wortstarke Frauen (Journalistinnen, Autorinnen, Texterinnen, PR-Frauen oder Lektorinnen)

Angebot: Austausch über Mailinglisten, Regionalgruppen

Frauen in Naturwissenschaft und Technik NUT e. V.
www.nut.de

Zielgruppe: Frauen, die in naturwissenschaftlichen und technischen Bereichen arbeiten oder studieren

Angebote: Arbeitsgruppen, Mailinglisten

Bundesverband Sekretariat und Büromanagement
www.bsb-office.de

Zielgruppe: Netzwerk für alle im Büro Tätigen deutschlandweit

Angebote: Austausch vor allem in Regionalgruppen

Informations-, Service- und Arbeitsnetzwerk für Frauen in Schule und Bildung von Schulen ans Netz e. V.
www.leanet.de

Zielgruppe: alle Frauen, die im Bildungsbereich tätig sind

Angebote: Diskussions-, Lern- und Arbeitsplattform

Frauen in der Immobilienwirtschaft
www.immo-frauen.de

Zielgruppe: Frauen, die in der Immobilienwirtschaft tätig sind

Angebote: Fort- und Weiterbildung, Seminare, Workshops und Diskussionen zu aktuellen immobilienwirtschaftlichen Fragestellungen

FIM – Vereinigung für Frauen im Management e. V.
Osterbekstraße 90 a, 22083 Hamburg
Tel.: 040 / 27 83 93 66, Fax: 040 / 279 00 77
E-Mail: info@fim.de
Internet: www.fim.de oder www.ewmd.de

Zielgruppe: Selbstständige und Frauen im Management

Angebote: monatliche Stammtische, Themenabende, Workshops, Unternehmensbesuche

Unternehmerfrauen im Handwerk UFH
Dovestraße 7, 10587 Berlin
Tel.: 030 / 391 78 54, Fax: 030 / 39 90 21 40

Zielgruppe: selbstständige Unternehmerinnen im Handwerk, mitarbeitende Familienangehörige

Angebote: Vorträge, Seminare, Gesprächsrunden, Weiterbildung

Journalistinnenbund e. V.
In der Maar 10, 53175 Bonn
Tel.: 02 28 / 31 27 47, Fax: 02 28 / 31 27 47
E-Mail: journalistinnenbund@t-online.de
Internet: www.journalistinnen.de

Zielgruppe: medienschaffende Frauen

Angebote: regelmäßige Treffen, Stammtische, Veranstaltungen in den Regionalgruppen

Index